Louis Reybaud

L'Exposition de l'industrie de 1855

Le savoir en poche

Louis Reybaud

L'Exposition de l'industrie de 1855

**Le savoir
en poche**

Table de Matières

Introduction

Quand on parle de l'industrie, il y a deux écueils dont il faut également se défendre, la flatterie et le dédain. Les uns la placent trop haut, les autres trop bas ; ceux-ci lui font dans nos sociétés une place trop grande, ceux-là trop petite. La vérité et la justice sont entre ces deux exagérations. L'industrie a vu de nos jours son domaine s'agrandir, mais cet agrandissement n'a ni les proportions ni surtout les conséquences qu'en général on lui attribue. C'était d'ailleurs un fait inévitable. Autrefois il n'y avait d'aisance, dans la sérieuse acception du mot, que pour le petit nombre. Certaines classes en jouissaient par privilège, les autres n'y aspiraient pas ; c'était un domaine fermé. L'industrie demeurait en harmonie avec ce régime ; elle avait dans le travail à la main un instrument suffisant pour défrayer les fantaisies des uns et les besoins les plus urgents des autres. Dieu merci, nous n'en sommes plus là ; ce contraste a cessé, du moins en ce qu'il avait de choquant. Non pas que l'inégalité ait disparu, elle est grande encore ; mais il n'en est pas moins vrai que le sentiment et le désir de l'aisance se sont répandus et tendent à se répandre. La bourgeoisie, dont les cadres se sont élargis, le peuple, qui s'y confond partant de points, ont amené sur le marché une foule de clients nouveaux dont les besoins s'accroissent à mesure qu'ils sont satisfaits et comportent un luxe relatif. De là pour l'industrie l'obligation d'élever ses moyens de production au niveau de ces demandes multipliées. Pour cette tâche, le travail à la main n'eût pas suffi ; des procédés plus économiques et plus ingénieux devenaient nécessaires. Rien là qui soit arbitraire ni inopportun ; c'était dans la force des choses et dans l'ordre des temps. Le travail automatique, la création des grands ateliers, l'asservissement de la vapeur, l'analyse plus savante des propriétés des corps et l'appréciation plus exacte de leurs conditions industrielles étaient la conséquence de cette consommation agrandie qui se manifeste non-seulement sur nos marchés, mais sur tous les points du globe où le génie de l'Europe pénètre et qu'il initie aux bienfaits de notre civilisation.

On se tromperait d'ailleurs si l'on croyait qu'un essor de l'industrie, comme celui auquel nous assistons, est un phénomène susceptible de se prolonger, et contenant en germe, des empiétements indéfinis. Ainsi que les conquêtes de la pensée, celles du monde matériel ont leurs fluctuations, leurs temps d'arrêt, leurs moments d'éclat et leurs éclipses. Il est dans l'essence de l'activité humaine de changer de voies et de varier son effort ; l'histoire en fournit plus d'une preuve. Au XVIe siècle, il y eut un élan presque aussi prodigieux que le mouvement contemporain, et qui ne survécut guère aux hommes illustres qui y présidèrent. Coup sur coup on découvrit alors la boussole, l'astrolabe, la grande navigation, l'astronomie positive, le Nouveau-Monde, et les noms de Galilée, de Colomb, de Martin Behaim, de Vasco de Gama, d'Albuquerque et de Magellan marquèrent cette époque d'une empreinte qui ne s'est point effacée. Paracelse renouvela la chimie, Vesale l'anatomie ; il y eut dans les sciences et dans les arts une sorte d'épanouissement et la révélation de forces ignorées. Ces découvertes ressemblaient beaucoup à celles qui frappent nos regards ; on s'emparait victorieusement du globe, on rendait la matière tributaire des besoins et des jouissances de l'homme, on étendait le cercle d'action des races civilisées et leur empire sur le monde sensible. C'était là pour les travaux de la pensée autant d'avant-coureurs ; à leur tour, ces derniers allaient prendre le dessus et dominer pendant le cours des siècles suivants. Ainsi marche l'esprit humain par des élans, tantôt divergents, tantôt parallèles, dans la sphère des idées ou dans celle des faits. Au lieu de se nuire, ces deux poursuites se prêtent un mutuel appui et se complètent en se succédant. Ces considérations ne sont pas étrangères à un examen de l'exposition de 1855 : dès qu'il s'agit de l'industrie, il convenait d'en rétablir les droits et d'en définir le rôle. On a beaucoup écrit pour et contre les expositions, et la matière n'est pas épuisée. Quoi de plus naturel que d'appeler de temps à autre l'industrie à fournir la mesure de ses forces et d'en rassembler les produits dans une même enceinte de manière à présenter des termes de comparaison ? Seulement, pour que l'institution eût toute son efficacité, deux conditions seraient nécessaires. Il faudrait que ces expositions nationales ou générales réunissent tous les manufacturiers éminents, il faudrait en outre qu'elles fussent sincères. Or c'est là ce qui n'arrive jamais. D'un côté, beaucoup de fabricants qui ont une réputation acquise et un travail assuré ne se résignent pas à se laisser discuter ni à courir la chance d'être appréciés au-dessous de leur valeur. Ils redoutent ou dédaignent une lutte où l'effervescence des vanités tient une trop grande place, se défient des lumières et de l'impartialité des juges du camp, des surprises de l'opinion, des manœuvres et des brigues inévitables dans de semblables mêlées. D'un autre côté, les exposants n'apportent pas tous, dans la production de leurs titres, une bonne foi égale. S'il en est qui se présentent avec les fruits ordinaires de leur industrie, il en est d'autres, et en grand nombre, qui se prévalent de travaux d'exception, d'œuvres de laboratoire dont on ne trouverait pas les équivalents dans leurs ateliers, quelquefois même d'objets empruntés pour la circonstance. C'est ainsi que le but le plus essentiel échappe, et qu'au lieu d'être l'expression exacte des forces relatives de l'industrie, une exposition n'en est bien souvent que la représentation infidèle.

Dans les expositions générales et notamment dans celle qui vient de finir, il s'est produit d'autres inconvénients et d'autres obstacles à une bonne justice distributive. Voici lesquels : des expositions officielles ou collectives y ont été admises à côté des expositions individuelles. Comme effet et ornement, rien de mieux, pourvu qu'on eût assigné aux premières un ordre à part et qu'on les eût placées hors de concours. On les a jugées et récompensées les unes et les autres au même titre et sur le même pied, et c'est une faute. Des chambres de commerce, des administrations publiques, des comités formidables, comme celui de Manchester, ont été pesés dans la même balance que des manufacturiers isolés, et dans cette lutte des unités contre les groupes, l'issue n'était pas difficile à prévoir : les groupes ont écrasé les unités, et en fait de récompenses du premier ordre ont obtenu la part du lion. Qui aurait osé la leur disputer ? quel fabricant aurait la prétention de s'égaler aux grands ateliers que l'état alimente, aux corps administratifs de la France et des autres pays à n'y avait pas là de combat possible, et partant point de vainqueur à proclamer. Qu'en raison de ces travaux d'un ordre supérieur on eût créé une classe à part, une récompense spéciale, on le comprendrait ; ce qui se comprend et se justifie moins, c'est qu'on les ait confondus avec ceux des autres exposants et mesurés sur la même échelle. Entre l'industrie libre et l'industrie officielle, il n'y a ni identité ni rapprochement possibles ; les prix, les qualités, les moyens d'exécution diffèrent : c'est comme deux mondes opposés.

Il eût donc mieux valu ne pas amalgamer ce que de telles incompatibilités séparent et élaguer cet élément disparate de la liste des lauréats. À plus forte raison eût-il été de bon goût de n'y pas comprendre, comme on l'a fait, des personnes absentes du concours.

On voit, quels sont les points faibles des expositions. Les uns sont inhérents à l'institution même, les autres peuvent être atténués. Et pourtant, malgré ces imperfections inévitables, les expositions ont désormais une place assignée dans le régime de l'industrie. Voici un demi-siècle qu'elles se succèdent avec une faveur qui ne s'est pas démentie et un empressement de plus en plus vif. Depuis cette modeste exposition de l'an VI, qui ne compte que 110 noms inscrits, jusqu'à celle de 1855, qui en a réuni près de 21,000, il n'y a pas eu, quelles que fussent les circonstances politiques ou industrielles, un seul jour de déclin dans ces solennités du travail. Quelquefois la progression est lente, mais elle se maintient néanmoins. En 1806, on compte 1,422 exposans,1,500 en 1819, 1,695, en 1827, 2,447 en 1834, 3,281 en 1839, 3,000 en 1844, 4,500 en 1849. Puis viennent les deux expositions universelles avec 14,837 exposants pour Londres et 20,700 pour Paris. Ce sont là des chiffres significatifs, et ce qui ne l'est pas moins, c'est le goût croissant du public pour ce genre de spectacle. Il était à craindre qu'après en avoir joui à titre gratuit dans les expositions précédentes, il ne se montrât moins empressé à en jouir à titre onéreux ; la modicité de la rétribution a écarté cet obstacle, et la vogue s'est maintenue pour l'exposition de 1855 depuis le jour de l'ouverture jusqu'à la clôture du palais.

Ce succès s'explique ; outre l'attrait qui s'attache à une collection aussi brillante, il y avait là pour la foule une occasion de mieux connaître les objets qui défraient ses besoins habituels, et pour les hommes spéciaux un sujet de réflexions et d'études. Rien de plus profitable à l'avancement de l'industrie. Non-seulement les manufacturiers convient alors le public à les juger, mais ils se jugent entre eux et avec une sûreté de coup d'œil que rien n'égale. S'il y a quelque part, dans cet ensemble un peu confus, une supériorité qui se cache, un procédé nouveau, un produit marqué d'un caractère particulier, croyez qu'ils seront bientôt signalés par un témoignage irrécusable, l'attention des hommes du métier, quelquefois même leur jalousie. C'est un contrôle mutuel et une mutuelle justice ; c'est en même temps une école où les faibles s'instruisent à l'exemple des forts et dont les uns et les autres cherchent à tirer quelque profit. Les ouvriers, bons arbitres aussi, viennent à leur tour s'y éclairer, et s'il y a dans l'exécution manuelle quelques perfectionnements, ils ne sont pas des derniers à les apercevoir et à se les approprier. Ainsi s'élève la portée de ces expositions ; l'objet en évidence n'est rien auprès de cette éducation des producteurs mis en présence les uns des autres et s'éclairant par la vue et le rapprochement de leurs travaux respectifs. Le cérémonial dont elles sont accompagnées, la distribution des récompenses, n'en forment que la partie décorative ; ce qu'il en reste de plus fécond, ce sont les germes d'émulation déposés au fond des cœurs, le désir du progrès excité avec énergie et sachant à quoi s'appliquer, le souvenir des bons modèles et la volonté ferme de ne pas leur rester inférieur.

À ce point de vue, les expositions générales sont un instrument bien plus puissant que ne peuvent l'être les expositions limitées à l'enceinte d'un état. Non-seulement l'étude des faits s'exerce alors de fabricant à fabricant, mais encore de nation à nation ; elle embrasse l'activité industrielle dans sa manifestation la plus complète. C'est ce qui a eu lieu à Londres en 1851, c'est ce qui vient de se passer à Paris. Jamais les forces productives de l'humanité n'avaient été groupées dans un si bel ensemble ni mises en parallèle avec un art si savant. Est-il maintenant nécessaire de comparer les deux expositions ? Chacune a eu son mérite, son caractère et sa physionomie. Londres avait l'avantage de la priorité, nous avions celui de l'expérience acquise. À Londres, c'était la spéculation privée qui seule faisait les frais et courait les chances de l'entreprise ; elle s'en est tirée à son honneur et y a trouvé d'énormes profits. À Paris, on avait imaginé une combinaison mixte, où l'action officielle dominait la spéculation privée, et qui comportait deux intérêts, deux volontés et deux directions. Plus d'un inconvénient est résulté de ce partage d'attributions, et aujourd'hui que ces faits sont du domaine de l'histoire, on peut dire que l'expérience n'a pas été heureuse. À Londres, c'est la puissance manufacturière qui l'emportait ; à Paris, c'est la délicatesse et la perfection de la main-d'œuvre. Si le Palais de Cristal était de beaucoup supérieur pour la quantité et l'importance des machines, les grandes industries textiles, les instruments agricoles et les innombrables tributs du mouvement commercial, le palais des Champs-Elysées a offert dans une proportion bien plus forte les produits où la main de l'homme ne peut être suppléée, ceux que le luxe réclame comme étant de son domaine, où le crédit du nom français est établi de temps immémorial, et dans lesquels en aucun temps ni en aucun pays il n'a redouté ni essuyé de rivalité sérieuse. Il va sans dire que dans cette loi générale il y a des empiétements, et que sur plusieurs points les limites n'ont point été respectées. La France a fait plus d'une excursion heureuse dans la grande industrie, l'Angleterre n'a pas voulu rester étrangère au domaine du goût ; mais ces exceptions même ne servent qu'à confirmer cette distribution des rôles. Il est aisé de s'en convaincre en jetant un coup d'œil rapide sur les résultats du concours et en indiquant la part qu'y ont prise les diverses industries dans ce qu'elles ont d'essentiel et de fondamental.

Section I

Dans cet examen, l'ordre de la production appelle d'abord les industries qui sont l'origine et la source des autres, c'est-à-dire les matières premières, soit naturelles, soit appropriées par un travail rudimentaire. Les produits du sol, des mines, des usines métallurgiques sont dans ce cas. Au sujet des produits du sol, il reste peu de chose à apprendre aux lecteurs de ce recueil ; un écrivain très expert en a parlé avec l'autorité qui s'attache à son nom et la sûreté de jugement qu'il apporte en toute chose. Les produits des mines, si on voulait entrer dans les détails, seraient une étude où les éléments d'intérêt ne manqueraient pas. On a pu s'en former une idée par le curieux modèle qu'a exposé la société d'Anzin, où, à côté de la puissance des couches, sont représentés les travaux d'extraction avec des ouvriers et des chariots en miniature, des galeries souterraines, des treuils mécaniques et des *bennes* qui élèvent la houille jusqu'à l'orifice des puits. Il est peu de visiteurs qui ne se soient arrêtés devant ce tableau, qui résume la vie et l'industrie de tant d'ouvriers utiles et courageux. Que de fatigues et de périls ! C'est pourtant là qu'ils passent leurs journées soutenant de leur mieux le terrain sur lequel ils opèrent afin de se préserver de ses éboulements, à demi couchés dans ces antres qu'ils creusent et où une étincelle peut amener une explosion, parfois surpris par des inondations ou par des gaz délétères, isolés presque toujours, et n'ayant pour se distraire ni la compagnie des leurs ni même la vue du soleil. Dure condition, et avec quelle patience exemplaire ils s'y résignent ! A l'honneur des entrepreneurs, il faut dire qu'ils n'ont rien épargné pour leur rendre le travail plus facile et conjurer les dangers dont ils sont menacés. Plusieurs appareils exposés témoignent de cette préoccupation. Ainsi, dans la descente et l'ascension des bennes qui servent à la fois à la houille et aux mineurs, la rupture des câbles amenait souvent des accidents ; les mines de Decize ont imaginé un système qui les rend impossibles. De son côté, M. Varocqué de Mariemont a su établir, entre les bennes qui descendent et celles qui remontent, des communications ingénieuses qui permettent de passer d'un train à l'autre sans aucune espèce d'inconvénient. L'aérage et l'éclairage des mines n'ont pas été négligés ; la lampe de Davy et les machines soufflantes ont reçu des perfectionnements nombreux. Rien n'honore plus l'art et la science que ce souci de la vie et du sort des hommes. Le même esprit d'invention se retrouve pour le lavage de la houille, qui jusqu'ici avait lieu à la main et à l'aide de procédés imparfaits. C'est à M. Bérard que l'on doit le premier appareil mécanique employé à cet usage : sa découverte avait frappé le jury de Londres, et la grande médaille lui avait été décernée ; moins heureux cette fois, il n'est qu'en seconde ligne dans l'ordre des récompenses, et c'est à regretter. Son ingénieux et vaste appareil méritait le premier rang : il sépare avec une précision et une rapidité merveilleuses la houille des corps étrangers qu'elle renferme, les schistes, les sulfures de fer, sans employer pour cela d'autre élément que les différences de pesanteur spécifique qui existent entre la substance pure et les substances qui y sont mélangées. Par une simple agitation et à l'aide d'une balance hydrostatique, les schistes et les sulfures se déversent dans le wagon de décharge, tandis que le charbon lavé et réduit se rend de lui-même dans le wagon destiné à le recevoir. On amène ainsi à l'état d'épuration jusqu'à 200,000 kilogrammes de houille par journée, et avec une dépense qui n'excède pas celle d'un chargement à la pelle.

En métallurgie, les inventions sont nombreuses et les perfectionnements encore plus ; mais là surtout l'industrie anglaise n'a pas donné la mesure de sa force et a témoigné un certain éloignement. À peine citerait-on quelques établissements qui aient consenti à se mettre en ligne, et en limitant l'épreuve à des travaux d'exception. Cette réserve est fâcheuse et on ne sait à quoi l'imputer. Que nos fabricants de fer ne soient pas allés à Londres, cela se conçoit : ils n'avaient qu'une médiocre figure à y faire ; mais les fabricants anglais ne pouvaient avoir les mêmes motifs de redouter un rapprochement ; ce n'est pas la conscience de leur supériorité qui leur manque. Est-ce fierté ? est-ce dédain ? est-ce un système de ménagement ? sont-ce des représailles ? A quelle cause qu'il faille attribuer cette abstention, elle, nous a enlevé, pour la métallurgie, de précieux éléments de comparaison. Il eût été utile, si ce n'est pour des manufacturiers qui s'abritent dans leurs privilèges comme dans un fort, du moins pour la masse des consommateurs qui en supporte les charges, de savoir jusqu'où s'élève la rançon que nous payons aux producteurs du fer et dans quelle proportion elle pourrait être diminuée sans préjudice exorbitant. Les hommes du métier savent bien ce qui en est, ils n'ignorent pas ce que vaut le fer en France et ce qu'il vaut chez nos voisins ; mais c'était là un spectacle et une leçon qu'il fallait donner au pays tout entier, à cette affluence de curieux qui demandent à toucher les choses du doigt pour y croire. Avec quelques modèles choisis et la mention des prix à côté des modèles, les fabricants anglais auraient fait parmi nous une petite révolution. On aurait vu alors quel écart existe entre la matière de l'une et de l'autre origine pour les fers en barres, pour les cornières, pour les tôles, pour les fontes, pour tout ce qui tient à la préparation du métal. Réduite à quelques fabricant isolés, l'exposition anglaise devait se perdre et se confondre avec la nôtre : elle n'offrait plus dès lors ni l'intérêt ni l'appui que l'on aurait pu y trouver. Cependant, quelque incomplète qu'en ait été la représentation, la métallurgie a fixé l'attention par quelques détails.

Avant ces derniers temps, le martelage du fer s'opérait à l'aide de martinets de forge dont on avait successivement élevé la puissance. Suffisants pour des pièces d'un volume déterminé, ces martinets ne l'étaient plus dès le moment que ce volume atteignait des proportions presque sans limites. C'est ce qui avait lieu notamment dans les arbres de couche destinés à l'hélice des vaisseaux à vapeur et pour le revêtement des batteries flottantes. On a pu se faire une idée des dimensions de ces pièces de métal dans l'exposition de MM. Jackson frères, Petin et Gaudet de Saint-Etienne, où figuraient l'arbre de couche de *l'Eylau*, vaisseau de ligne en construction, arbre à six coudes, du poids de 23,000 kilog., et une armure de batterie flottante de 11 centimètres d'épaisseur. Evidemment, pour de tels travaux, la puissance ordinaire n'eût pas suffi, et les martinets ne seraient arrivés qu'à des résultats lents et imparfaits. L'invention du marteau-pilon a répondu à ce besoin ; il est désormais l'âme de nos ateliers et y laissera une date. Rien n'égale l'énergie de cet engin, si ce n'est la docilité avec laquelle il la mesure aux services qu'on lui demande. C'est un énorme marteau que la force de la vapeur, servie par le mécanisme le plus simple, élève à une hauteur réglée, et qui retombe ensuite de tout son poids, soit dans le vide, soit dans une atmosphère combinée. On peut frapper ainsi, à l'aide du même instrument, ou un bloc énorme ou une médaille. On conçoit de quelle utilité il a dû être pour la construction de ces machines de guerre qui menacent d'une révolution prochaine l'art de l'attaque et de la défense des côtes. Personne aujourd'hui, après l'essai décisif de Kinburn, n'ignore ce que c'est qu'une batterie flottante : une tortue armée d'une carapace en fer et portant la foudre. Invulnérable ou à peu près, et d'un faible tirant d'eau, la batterie flottante peut s'embosser sous un fort ennemi et le détruire sans essuyer autre chose que des dommages insignifiants. Devant son armure, le boulet creux éclate sans effet, et pour entamer le fer d'une manière sensible, il ne faut pas moins de quinze boulets pleins frappant sur le même mètre de revêtement. Telle est la découverte, et sans le marteau-pilon il est à croire qu'elle n'aurait pas abouti d'une manière aussi complète ni aussi prompte. C'est donc justice, que de s'incliner devant cet énergique instrument, aussi utile dans la paix que dans les combats, pour lequel personne n'a pris de brevet, et qui est à la fois l'œuvre et la propriété de tout le monde.

Les esprits en quête de perfectionnements ont été conduits par ces expériences à rechercher si c'était là leur dernier mot, ou s'il n'y aurait pas quelque chose de plus à en attendre. L'emploi du fer dans ces proportions inusitées n'est pas sans inconvénient pour les constructions navales. Les plaques de métal scellées par des boulons au doublage en bois, exercent sur lui une pression constante, même dans l'état d'immobilité, et ne fût-ce qu'en raison de la différence des pesanteurs ; cette pression s'accroît dans les fatigues de la merci sous la violence des vagues. De là un travail de destruction qui a lieu pour tout le matériel naval, mais qui ici doit acquérir une énergie plus grande. Puis, quelque forme que l'on donne à ces bâtiments pour les amener à plonger dans l'eau le moins possible et leur rendre l'accès des côtes plus facile et moins dangereux, il est évident que le poids du fer est un obstacle à ce que l'objet qu'on se propose soit pleinement atteint : ce métal, si efficace pour la défense, devient une gêne pour la liberté des mouvements. Le problème serait donc de trouver une armure aussi résistante, mais plus légère, qui aurait tous les mérites du fer et n'en aurait pas les inconvénients. Or cette armure existe, on l'a sous la main ; il s'agit simplement de remplacer le fer par l'acier forgé. La même substitution pourrait avoir lieu et avec le même avantage pour les cuirasses qui chargent le cavalier sans le préserver, et sont plutôt une parure qu'une défense. Dans ces divers emplois, l'acier forgé est incomparablement supérieur au fer ; des expériences multipliées l'attestent. Il y avait à l'exposition des cuirasses qui ont reçu trois et quatre balles dans le même pouce carré sans avoir été traversées. La supériorité du service est donc manifeste, et elle ne le serait pas moins pour les armures des batteries flottantes, qui, avec l'acier forgé, offriraient sous un moindre poids une force de résistance supérieure ou égale. Reste la question de dépense, et quand il s'agit de la vie et de la sûreté des hommes, c'est à peine si on ose la poser. D'ailleurs la dépense en toute chose n'est qu'un terme relatif et qui ne peut être séparé de la durée de l'objet ni des services qu'il rend. Il y a des dépenses qui, sous une prodigalité apparente, cachent une économie réelle ; c'est un rapport à établir, un calcul à faire ; on ne sait jamais ce que coûtent des instruments qu'on croirait volontiers peu coûteux. Il semble d'ailleurs que cette opinion fait du chemin et acquiert chaque jour un crédit plus grand : en matière d'arts et « l'industrie, partout où il y a convenance à le faire, et le cas est fréquent, on s'accorde à préférer la matière supérieure à la matière inférieure, et dans cette direction la première idée qui se présente est la substitution de l'acier au fer forgé.

C'est à ce titre également que les aciers de la province rhénane sor-

Louis Reybaud

tis des ateliers de M. Krupp, l'un des grands lauréats du concours, ont excité la surprise des hommes du métier et aussi des curieux. Qui ne se souvient de cette vaste table couverte de tronçons coupés dans tous les sens, tantôt dans la largeur, tantôt dans la longueur de la pièce, ici en droit fil, là en biais, avec des cassures capricieuses et multipliées à dessein ? Qui n'a admiré ce grain fini et serré, d'une pureté et d'une égalité parfaites, sans défaut, sans tare, sans corps étranger, sans une ombre de mélange ? Qui n'a remarqué et touché ce long copeau d'acier détaché par la tarière et adhérent encore au bloc d'où il est sorti ? Voilà à quel degré de perfection M. Krupp a pu amener l'acier fondu. Impossible de voir une matière à la fois plus pure, plus ductile, plus exempte d'alliage : le marteau même n'eût pas mieux fait. On s'est demandé alors comment un pareil produit avait pu être fabriqué, et s'il n'y avait pas là-dessous une de ces illusions, une de ces ruses de laboratoire qui sont si communes dans les concours publics ; on s'est pris à douter que de pareils tours de force pussent entrer dans le domaine de la fabrication, et par voie d'hypothèse on a été conduit à présumer que c'était l'œuvre de plusieurs refontes successives, trop coûteuses pour jamais devenir d'un usage général. Ces objections, ces suppositions semblent purement gratuites. M. Krupp n'est ni nouveau, ni inconnu dans l'industrie ; il a une usine importante où depuis longtemps il livre au commerce des aciers à peu près égaux à ceux qui figuraient dans son exposition, et quand même ces derniers seraient le fruit d'un traitement exceptionnel, ils tendraient encore à prouver à quel point de supériorité on peut amener le métal à l'aide de la seule fonte. De pareilles conquêtes ne se font pas inutilement, même une fois, même à grands frais ; elles se complètent toujours, et ce qui n'avait d'abord qu'un caractère expérimental prend à la longue un caractère industriel.

Nulle part les lois et les principes ne sont plus nécessaires que dans l'industrie, et non-seulement ceux que la science découvre, mais ceux encore qui se révèlent dans l'application. Il est par exemple un fait chaque jour plus évident et que toutes les expériences confirment, c'est l'avantage qui existe à substituer, en mécanique et en chimie, le mouvement de rotation au mouvement alternatif. Je m'explique. Le métier à bras, ici que nous le voyons agir sous l'impulsion de l'ouvrier, et même la plupart des métiers à moteurs économiques, se basaient naguère sur l'oscillation, sur le va-et-vient, pour employer une expression vulgaire ; même pour l'observateur le plus irréfléchi, c'était là une déperdition de temps et de forces. De ces deux mouvements, aller et retour, il n'y en avait qu'un de profitable ;

l'autre n'était qu'un intermède, une trêve dans le travail accompli, ou, si l'on veut, un élan avant de fournir une course nouvelle. On eût dit que la machine inanimée avait besoin de reprendre haleine après chacune de ses évolutions. Or ce n'était là qu'une méthode rudimentaire, et l'expérience l'a bien prouvé. Toutes les fois que le hasard, l'occasion, la nécessité, ont amené une industrie à renoncer au mouvement alternatif pour recourir au mouvement circulaire, les bénéfices de ce dernier moyen ont été si patents, si avérés, que d'essai en essai on l'a étendu à toutes les machines qui sont susceptibles d'en recevoir l'application ; peu à peu, de proche en proche, ce qui n'était qu'un pressentiment est devenu un fait général. De là les cylindres qui servent à l'impression des indiennes ou au cardage de la laine et du coton, les tambours, les tours, les bobines, la scie circulaire et tous les appareils qui président à un travail sans discontinuité. Même en chimie, le principe a trouvé à s'appliquer utilement, C'est à l'aide du mouvement circulaire que s'accomplissent aujourd'hui les opérations du raffinage et de la cristallisation des sucres. Partout où l'épreuve a été faite, les résultats ont montré la même conformité. On pourrait donc affirmer dès aujourd'hui qu'en mécanique c'est là une loi constante et qui souffrira peu d'exceptions. Que de lois d'ailleurs, tout aussi fécondes, attendent qu'on les tire de leur sommeil ! Combien nous sommes en retard, même là où nous nous croyons le plus habiles ! La force de la vapeur, par exemple, telle qu'elle s'exerce dans les meilleurs appareils, est-il raisonnable de penser qu'elle se dissipera toujours comme elle le fait ? Trois quarts d'effet perdu, un quart d'effet utile, est-ce donc le dernier mot du génie humain ?

Nous voici arrivés aux grandes machines, aux machines à eau et à feu : l'exposition en offrait plusieurs qui sont dignes de mention. Pas un fabricant anglais ne figure sur la liste des médailles d'honneur, c'est dire qu'ils se sont tenus à l'écart ; le débat est resté entre la France, l'Allemagne et la Belgique. Sur les moteurs à eau, il y a peu de remarques à faire. M. Fourneyron, qui a donné son nom à la turbine et veille sur elle avec un soin paternel, n'a pas voulu rester en arrière de perfectionnements, et a produit un nouveau modèle qui n'est que la reproduction améliorée de ceux qui lui ont valu une réputation bien établie et bien méritée. D'autres fabricants ont exposé des turbines qui ne diffèrent que par un petit nombre de détails. Ainsi M. Flageollet de Vagney a une roue en dessous, sans tête d'eau et à suspension, qui peut dépenser des volumes d'eau variables, et qui, émergée ou immergée, n'éprouve pas de pertes sensibles dans le rendement. MM. Fontaine, Braud et Froment ont un vannage à papillons, garni d'une bande annulaire en gutta-percha qui s'enroule sur deux cônes en fonte, dont les axes sont dirigés dans le même plan. MM. Tenbrinck et Dychkoff ont une turbine dont chaque directrice est garnie d'une vanne horizontale que l'on peut ouvrir et fermer à volonté. MM. Roy et Laurent ont une turbine à bâche fermée où le vannage s'effectue à l'aide de clapets. Toutes ces turbines reçoivent l'eau de haut en bas ; d'autres, comme celles de MM. Cousin frères et Canson d'Annonay, sont destinées à la recevoir dans un sens horizontal. MM. Cousin frères ont fait des emprunts heureux à tous les systèmes, et M. Canson s'est surtout proposé d'arriver à une moindre dépense dans l'appareil en en simplifiant, les combinaisons. Quant à l'industrie étrangère, elle n'avait qu'un représentant dans la turbine : c'est l'administration impériale des forges et usines de Jenbuch, dans le Tyrol. L'appareil qu'elle a exposé est formé d'aubes courbes maintenues entre deux anneaux horizontaux. L'eau arrive à la roue par la tangente au moyen d'un canal rectangulaire, garni, près de la turbine, d'une vanne verticale. C'est un système peu connu en France, mais très répandu en Autriche et aux États-Unis ; on le doit au général Poncelet.

Les machines à vapeur sont un des titres les plus récents de l'industrie, et il était naturel de lui demander, dans une occasion aussi solennelle, où elle en est pour ces merveilleux et formidables engins. Ce n'est point là en effet un de ces problèmes au sujet desquels l'opinion publique peut rester indifférente. Que l'homme oisif, que la femme du monde s'inquiètent peu de savoir comment se tissent la toile qui les couvre, la soie qui les pard, cela se conçoit ; c'est du soin superflu, et pourvu qu'avec de l'argent ils aient de l'une et de l'autre, ils en sauront toujours assez. Mais ces terribles machines à vapeur, bon gré mal gré, il faut compter avec elles. Quand on les oublie, un bruit sinistre rappelle inopinément leur puissance : il s'agit de victimes écrasées ou brûlées à petit feu, de membres brisés, de crânes ouverts. Qui ne tressaillerait ? qui ne se tiendrait sur ses gardes ? qui n'éprouverait un respect mêlé de terreur, surtout quand la veille on a couru la même chance, ou qu'il faudra s'y exposer le lendemain ? Aussi peut-on, en toute confiance, parler de la machine à vapeur. Pût-on technique, employât-on les termes du métier, on serait encore assuré d'avoir un auditoire. Une bielle, un frein, un essieu, une chaudière, voilà des mots qui par eux-mêmes sont bien peu engageants et n'alimentent guère l'intérêt ; mais quand on se prend à réfléchir que la vie dépend d'un frein qui se brise, d'un essieu qui se fourvoie, d'une chaudière qui éclate, à l'instant ces mots prennent une autre valeur que celle du vocabulaire, et éveillent dans l'esprit une foule d'idées et d'impressions, connue pourrait le faire le plus sombre et le plus funèbre roman.

Faut-il attendre de l'exposition quelque préservatif contre ces catastrophes ? En est-il parmi ces locomotives, si bien peintes, si coquettes, si luisantes de tout point, qui aient pour objet de témoigner quelque souci de la vie humaine ? Ou bien sont-ce toujours ces mêmes implacables machines qui, hier encore, broyaient vingt malheureux conducteurs de bestiaux ? Y a-t-il là quelque manufacturier qui ait cédé à une bonne inspiration, et au risque de se tromper, de jeter un peu d'or dans une aventure, ait essayé de construire un appareil moins brutal, moins aveugle, plus docile à la main de son guide, et qui, au milieu de la civilisation la plus raffinée, ne reproduise pas la barbarie sous une autre forme ? S'il y en avait un, comme on l'applaudirait ! comme on l'encouragerait dans ses hardiesses et comme on excuserait ses erreurs ! Hélas ! non, il n'y en a point ; les constructeurs ont des modèles, et ils s'y tiennent : à peine s'en écartent-ils en quelques détails et tout juste assez pour se disputer l'un à l'autre la grande médaille d'honneur, par exemple le diamètre d'une roue, un tender supprimé, un dôme de plus ou de moins. Leur audace ne va pas au-delà ; elle n'exige ni effort d'esprit ni dépense de caisse. Leurs locomotives restent les dignes sœurs de celles qui ont l'empire de la circulation et s'y signalent de loin en loin par des exécutions sommaires. Les mouvemens sont précis, les pièces bien ajustées, les cuivres polis, les vitesses satisfaisantes ; que demander de plus ?

Trois exposants de locomotives ont obtenu la médaille de premier ordre : M. Borsig, M. Engerth et M. Cail. — M. Cail n'a pas de nouveau modèle : il s'est contenté d'exposer des machines régulièrement construites et d'une exécution satisfaisante. Il n'y a à insister que sur les locomotives de M. Borsig et de M. Engerth. Celle de M. Borsig réunit également les conditions que l'on doit attendre d'un bon atelier ; la forgerie est traitée avec soin et la délicatesse des organes plaît à l'œil ; peut-être pourrait-on y exiger plus de force et une meilleure entente dans l'emploi de la matière ; les pièces coudées n'ont point paru aux hommes du métier présenter de bonnes conditions de résistance ; quelques organes sont faibles, et peu en rapport avec les services qu'ils doivent rendre ; il y a défaut d'harmonie et de proportions. Un autre détail a prêté à la critique : c'est le dôme de prise de vapeur qui couvre la chaudière. M. Borsig doit savoir que c'est là un accessoire depuis longtemps abandonné. On y attachait de l'importance dans l'enfance de la construction ; aujourd'hui, et après bien

Louis Reybaud

des essais, on n'y saurait voir qu'une superfétation et un embarras. M. Engerth s'est proposé un autre but : le caractère distinctif de son invention est de reporter sur les roues du tender une partie du poids de la machine, afin d'obtenir une plus grande adhérence sans fatiguer la voie par une surcharge sur le même point. Deux machines conçues d'après ce système ont été exécutées sur les plans de l'ingénieur autrichien, l'une en France, au Creuzot, l'autre en Belgique, dans les ateliers de Seraing ; elles figuraient toutes deux à l'exposition. Cette combinaison répondait à un besoin, et les circonstances expliquent qu'elle nous soit venue d'Autriche. Entre Vienne et Trieste s'étend un chemin de fer qui gravit les Alpes noriques par une rampe à forte inclinaison ; pour la franchir, les locomotives ordinaires n'eussent pas suffi ; il fallait à la fois diminuer le poids de l'appareil, augmenter les surfaces de chauffe et par suite la puissance de la vapeur. C'est à ces trois conditions que M. Engerth s'est proposé de satisfaire, en incorporant pour ainsi dire le tender avec la machine. Cette disposition permettait de répartir le poids du système sur six paires de roues, ce qui fait que la charge de chaque essieu n'est pas plus élevée que dans les machines ordinaires.

Ici pourtant une difficulté se présentait : la longueur des deux pièces réunies, machine et tender, atteignait de telles proportions, que la manœuvre de la locomotive eût présenté de grandes difficultés et certainement des dangers dans les courbes à petit rayon, très fréquentes sur ces lignes de montagnes. Pour obvier à cet inconvénient, M. Engerth a imaginé une disposition ingénieuse qui permet et réalise l'articulation vers le milieu de la longueur, et enlève à l'ensemble du système les inconvénients de la rigidité. Cependant, pour qu'il fût entièrement efficace, il fallait autre chose encore : il fallait pouvoir relier les roues du tender aux roues couplées de la machine, à celles qui donnent le mouvement. Dans la machine exécutée au Creuzot, cette condition n'est pas remplie, et la combinaison manque ainsi d'unité. La machine construite dans les ateliers de Seraing est plus complète sous ce rapport, et une solution y est fournie. Trois roues d'engrenage, en acier fondu, y transmettent le mouvement au premier essieu du tender. Des personnes versées dans l'industrie conservent pourtant quelques doutes sur la valeur de ce moyen, et craignent qu'à l'usage plus d'un mécompte ne s'ensuive. À la vitesse ordinaire des trains de marchandises auxquels les deux machines sont destinées, ces roues dentées seront animées d'une vitesse rotative de 4,000 toises par minute environ ; or, pour peu qu'on ait l'expérience de la mécanique, non pas telle qu'on l'enseigne dans les livres, mais telle qu'on l'observe sur le terrain, il est évident que ces engrenages ne résisteront pas longtemps, et donneront lieu à des embarras sans nombre. On assure même que les premières épreuves n'ont pas répondu aux espérances de l'inventeur, et n'ont donné ni la vitesse ni la puissance qu'on était en droit d'en attendre. Il y a là sans doute le germe d'une idée, et d'une idée probablement féconde, l'identification du tender à la machine ; mais cette idée a besoin d'être mûrie et perfectionnée. Peut-être est-ce à la France qu'est réservé cet honneur. Entre le Creuzot et M. Eugerth existent désormais des relations suivies, et l'ingénieur autrichien y aura pour auxiliaires naturels les habiles ingénieurs de cet établissement.

À côté de ces machines primées dans le concours, les autres s'effacent nécessairement ; plusieurs néanmoins méritent d'être citées. Telle est celle que M. Polonceau a construite pour la compagnie d'Orléans, et où les tiroirs verticaux et placés en dehors des roues marchent par une distribution extérieure, combinaison heureuse et qui rend l'entretien facile et peu dispendieux. M. André Koechlin a exposé aussi une machine mixte bien établie, d'un bon mouvement, avec des pièces dégagées et des formes convenables, légère dans son apparence et dans ses allures, propre à gravir de fortes rampes, à entraîner des trains très chargés. L'un des modèles de M. Gouin est moins heureux : le tender est à l'arrière, et cette disposition diminue le poids mort au profit de la puissance et de l'adhérence de l'appareil ; mais cet avantage est anéanti par des inconvénients plus graves, tels que la surcharge des roues et la nécessité d'arrêts plus fréquents. L'autre modèle, celui de MM. Blavier et Larpent, présente, comme particularité, la séparation de la chaudière en deux parties ; l'une, placée au-dessus des essieux des roues motrices, est l'appareil générateur de la vapeur ; l'autre est un réservoir de vapeur que deux tubes mettent en communication constante avec l'autre partie de la chaudière. Ce qu'on s'est proposé dans cette combinaison, c'est de concilier une grande vitesse avec une grande stabilité et une adhérence suffisante pour remorquer, aux vitesses ordinaires, les trains les plus lourds sur des profils accidentés. On assure qu'on pourra obtenir ainsi, et avec une sécurité suffisante, des vitesses de 80 et de 100 kilomètres à l'heure ; c'est ce qu'on verra aux épreuves qui jusqu'ici n'ont été que superficielles. La machine de M. Kessler a cela de distinctif qu'elle appartient au système Crampton, ainsi qu'on le désigne du nom de son auteur. On sait que ce système repose, sur une combinaison bien simple : l'augmentation de la vitesse par l'accroissement du diamètre des roues. Évidemment la stabilité de la machine en eût été diminuée, si M. Crampton n'eût imaginé de placer les roues à l'arrière de la chaudière, et même avec cette modification il n'est pas prouvé que le centre de gravité n'en soit pas un peu affecté. L'œuvre de M. Kessler n'ajoute rien à ce que l'on a vu d'analogue, et n'est guère qu'une bonne copie d'un modèle connu. Voici enfin M. Stephenson, le vétéran de la vapeur, et qui en résume les traditions : personne n'est resté plus conforme à lui-même et n'a gardé avec plus de soin un héritage de famille. C'est toujours la locomotive paternelle, telle qu'on la voit sur nos plus anciens chemins de fer, avec les roues motrices au milieu, les cylindres et le mouvement à l'intérieur. Quelques perfectionnements de détail se font remarquer ; mais c'est déjà un titre suffisant pour une locomotive que de porter le grand nom de Stephenson. Il en est de même de celle de M. Fairbairn. Sa plus sûre recommandation est dans sa signature.

En somme, l'exposition des machines appliquées à la locomotion n'a pas tenu toutes ses promesses, et de la part d'une industrie aussi importante, on pouvait espérer des efforts plus sérieux. Non-seulement il n'y a lieu de signaler aucune découverte capitale, rien de ce qui laisse une trace durable dans l'histoire de la science et de l'art, mais le champ plus modeste des améliorations n'a pas même été agrandi d'une manière sensible. Point de témoignage qu'un public alarmé puisse regarder comme allant à son adresse, ni frein plus puissant, ni action plus énergique donnée au renversement de la vapeur, pas même un modèle de l'ingénieux appareil de M. Bonnelli, qui établit des signaux d'appel d'une locomotive à l'autre. Il y a eu, sur toutes ces mesures de sauvegarde, un oubli universel et une sorte de prétention. Probablement c'est là ce qui préoccupait le moins les constructeurs de machines et les ingénieurs sous la main desquels ils se trouvent. Il y a lieu d'espérer que cette incurie cessera : on voit à quelles catastrophes elle aboutit. Que l'on cherche, dans l'intérêt des entreprises, à accroître la force utile et à diminuer la force perdue ; qu'on multiplie les combinaisons pour ménager le combustible et tirer de la vapeur un parti plus grand ; qu'il y ait des bittes d'école pour décider quelle sera la place des cylindres, soit en dedans, soit en dehors du châssis, et ce qu'il faut préférer des machines lourdes ou des machines légères ; qu'on pèse les avantages de l'emploi de l'acier forgé substitué au fer, au moins pour les pièces les plus importantes ; qu'on ait l'esprit ouvert et la main prompte pour tout ce qui peut ajouter aux bénéfices de l'exploitation, élever les dividendes et donner aux actions une bonne allure sur le marché des fonds publics, rien de mieux : il n'est interdit à personne, encore moins aux administrateurs des compagnies responsables vis-à-vis de leurs commettais, de songer à la fortune d'une entreprise ; mais à côté de ce devoir et de ce soin il en est d'autres plus sacrés. Les compagnies ne sont pas seulement un instrument de spéculation ; elles ont un rôle plus digne, et n'en déclinent pas les honneurs : elles ont charge d'âmes. Que cette pensée soit et reste dominante, et si quelques sacrifices de temps et d'argent y sont attachés, que les compagnies sachent les faire à propos, en excès même, afin que le public ne puisse jamais douter sans injustice de leur bonne volonté et de leur désintéressement.

La locomotive n'est qu'une des formes de la machine à feu ; il y en a deux autres, la locomobile et la machine fixe. À propos des instruments agricoles, il a été parlé, dans la *Revue*, des locomobiles et des services qu'elles rendent ; ma tâche en sera abrégée. C'est une industrie toute récente et qui s'annonce bien ; on y sent la vigueur et la sève qui accompagnent les débuts. La locomobile est une petite machine à Peu destinée à être transportée sur les lieux où elle doit fonctionner, c'est-à-dire d'un champ et d'un village à l'autre, comme un serviteur, qui vient accomplir sa tâche et se retire après avoir reçu son salaire. Elle peut être indistinctement employée, suivant la manière dont on l'accouple, au battage du grain, à la moisson, aux coupes du foin, à l'exploitation des bois, à l'épuisement des eaux et a l'irrigation ; le travail rural est son objet et son domaine. On a pu voir, dans le concours de Trappes, le rôle important qu'ont joué les locomobiles. L'initiative est venue d'Amérique et d'Angleterre, et il semble que nous ayons regagné le temps perdu ; l'exposition comptait plusieurs machines françaises, notamment celles de MM. Calla et Flaud, qui peuvent sans désavantage soutenir la comparaison avec les bons modèles de l'étranger. Le problème consiste en ceci : fournir la plus grande force sous le moindre volume possible. C'est à ces deux termes que nos constructeurs se sont attachés. En Angleterre, le poids des appareils est encore de 375 à 500 kilogrammes par force de cheval ; M. Calla est parvenu à réduire de beaucoup cette proportion, et il établit des locomobiles d'une force effective de 22 chevaux et d'un poids de 5,700 kilogrammes : M. Flaud est descendu plus bas encore. La dépense du combustible a été également amoindrie ; M. Calla ne consomme que deux kilogrammes et demi de charbon par cheval et par heure, tandis que, dans leurs meilleurs instruments, les Anglais en consomment trois. C'est là pour les moteurs à feu un empire nouveau et qui ne sera pas le moins fécond : après avoir affranchi les ouvriers des villes des labeurs les plus ingrats, ils se portent au secours des ouvriers de la campagne, toujours les derniers auxquels on songe, et qui passeraient en première ligne si les services réglaient les rangs.

La série des machines fixes est très étendue, et occupait à l'exposition une place digne de son importance. Ce qui y frappe surtout, c'est l'application presque générale du principe énoncé plus haut, la substitution du mouvement de rotation au mouvement de va-et-vient. C'est vraiment une révolution et des plus caractéristiques. Partout les machines oscillantes et les machines verticales à balancier sont en retraite ; les machines horizontales les ont remplacées. On a pu comparer, on a pu voir quels étaient les inconvénients des unes, les avantages des autres. Les machines oscillantes ne fournissaient qu'un travail irrégulier, compromis par des fuites de vapeur, des réparations fréquentes, des lésions continues dans les organes de la distribution ; les machines horizontales ont amené un travail plus suivi, plus sûr, moins dispendieux. La cause parait donc gagnée, et les constructeurs portent désormais leurs préférences et leurs efforts de ce côté. Au nombre des plus habiles, il faut citer M. Farcot, qui a su tirer parti de la condensation et de la détente, et diminuer la dépense du combustible. Son exposition ne se composait que d'un seul modèle, une machine de la force de 50 chevaux, mais d'un travail si heureux et si bien entendu qu'il a valu à l'auteur une récompense de premier ordre. La maison Cail n'est pas demeurée en arrière ; elle avait deux machines fixes de fabrication courante, exécutées avec le soin qu'on trouve dans ses ateliers. Dans les prix réduits, on remarquait une petite machine fixe construite à Christiania, et qui ne coûte que 1,375 francs, et pour la puissance de l'effet une machine de MM. Barrett, mettant en jeu une pompe gigantesque. À côté du succès des machines horizontales, il y en a un autre qu'il importe de constater, celui des machines à grande vitesse. M. Flaud est entré avec le plus de résolution dans cette voie du mouvement accéléré. Sans doute la grande vitesse a des inconvénients, par exemple l'usure plus rapide des organes et une plus grande consommation de combustible ; mais des avantages au moins équivalents y sont attachés, comme la simplification, l'économie des frais de construction et d'installation. M. Flaud est allé aussi loin que possible en ce genre ; il fait les machines les plus simples du monde, les réduit au volume le plus restreint et descend presque à l'unité pour le degré de puissance. Il peut fabriquer ainsi des appareils de 2 chevaux de force, ne coûtant que 1,500 francs, y compris la chaudière, et faciles à installer dans le plus petit atelier. Ces chiffres parlent d'eux-mêmes, et à l'exposition on a pu voir un *petit cheval* de force réunissant, dans une longueur de 70 centimètres et une largeur de 20 centimètres, le cylindre à vapeur et le corps de pompe, le tout ne pesant que 70 kilogrammes. Près de ces pygmées de la vapeur, il n'était pas sans intérêt de retrouver des appareils destinés à la grande navigation, et surtout l'arbre de couche de *l'Eylau*. D'autres machines, destinées aux bateaux du Danube, de la Loire et de l'Èbre, complétaient ce contraste. Là encore il y a tendance visible à augmenter la puissance, et déjà les bateaux du Rhône, qui employaient soixante et douze heures à la remonte du fleuve, n'en mettent plus aujourd'hui que trente-huit.

Faut-il, à côté de l'industrie régulière, citer maintenant les hommes qui hantent des voies nouvelles et se jettent dans l'inconnu, souvent hélas ! à leurs dépens ? En première ligne est M. du Tremblay, qui, depuis si longtemps et avec tant de persévérance, essaie de substituer à la vapeur d'eau d'autres vapeurs, comme celles de l'éther et du chloroforme, tantôt exclusivement, tantôt en les combinant. Bien des expériences ont été faites, et tout Paris a pu voir, pendant une saison entière, un bâtiment de l'état stationnant sur les quais du Louvre, et qui ne semblait pas avoir d'autre emploi que cette destination scientifique. Il y a lieu de croire que ces recherches auront été suivies de quelque succès. Voici, dans le même sens, la découverte du capitaine Ericsson, qui n'a pas fourni une longue carrière, et que reprend aujourd'hui, avec d'autres procédés, M. Siemens, dont la machine a figuré dans les galeries de l'exposition. Le problème, dans l'un et dans l'autre cas, est la régénération de la vapeur, c'est-à-dire le rappel et l'emploi de forces perdues. Le capitaine Ericsson semble avoir échoué ; espérons que M. Siemens sera plus heureux. Il faut accompagner des mêmes vœux les inventions de MM. Sauvage et Franchot, qui ne sont encore que des projets, la machine à combustion comprimée de M. Pascal, une machine à disque de MM. Rennie, de Londres, une autre machine de M. Galy-Cazalat ; enfin la machine de MM. Maldent, qui présente un système particulier pour la distribution de la vapeur. Même quand ils s'abusent, les hommes en quête de découvertes ont droit aux respects ; ils éclairent la route et préparent le champ où sèmeront de plus habiles ou de plus heureux.

C'est tout un monde que celui des machines à feu ; c'en est un autre que celui des machines à bras. L'une des plus curieuses, et qui avait le privilège d'attirer le public, était celle qui fabriquait d'une manière presque instantanée des tuyaux destinés au drainage. On pouvait assister à l'opération entière, voir l'argile se pétrir, s'étendre, puis s'enrouler en tuyaux. Le même spectacle se renouvelait devant les appareils destinés à la filature de coton, et toutes les fois qu'ils se mettaient en mouvement, les spectateurs ne manquaient pas. Cela se conçoit. Une machine à l'état de repos est un corps dont la vie est absente ; pour y prendre intérêt, il faut en connaître l'anatomie. Il n'en est pas de même d'une machine animée ; elle captive et instruit. Aussi n'y avait-il pas de succès à attendre, à l'exposition, de l'immobilité ; en revanche tout ce qui agissait, broches, bobines, rabots, tarières, ciseaux à aléser, machines à coudre, presses d'imprimerie, avait la faveur et la vogue. C'était à l'une des extrémités de l'annexe que cette représentation avait lieu ; l'activité de cinquante usines y était résumée dans une étroite enceinte. Quelle agitation et quel bruit ! ici une pompe à feu vomissait l'eau par cascades, là des blocs de bois étaient débités en planches, ou se présentaient à la scie dans le sens des lames ou sous l'angle voulu, comme dans la machine de Normand ; plus loin, le liège, sous l'appareil de M. Jacob, se découpait en bouchons coniques ; plus loin encore, une roue de wagon s'ajustait sous le tour à quatre outils inventé par M. Polonceau ; enfin, à l'aide d'une foule d'instruments portatifs, on pouvait voir des clous se façonner, des fils de fer et des épingles se faire, des bustes se dégrossir et se sculpter, mille riens, mille objets ingénieux, obtenus à l'aide de procédés plus ingénieux encore.

Et ce n'était là que de la petite industrie et des jouets auprès des grands métiers de la filature et des tissus. Ces métiers avaient aussi leurs représentations et leurs fêtes. En véritables seigneurs, ils chômaient quelquefois et avaient leurs caprices ; mais il fallait les voir dans les jours d'apparat ! C'était à en être émerveillé et assourdi ! Pas un d'entre eux qui ne voulut se mêler à ce bruit, à ce mouvement, à cette activité. Tous reprenaient leur point d'appui sur l'arbre de couche et s'ébranlaient à qui mieux mieux. Ils dévoraient alors le coton et la laine avec une ardeur tumultueuse, et au milieu du cliquetis de leurs innombrables engins dépeçaient et tordaient la matière, l'allongeaient en brins imperceptibles, et l'enroulaient ensuite sur des bobines rapides comme l'éclair. À voir ce travail si prodigieux et si régulier dans son désordre, on ne savait qu'admirer le plus ou de la nature, qui en fournit les éléments, ou de l'homme, qui a su en tirer un tel parti. Que de temps et d'essais il a fallu pour en venir là, depuis le métier à la fin, inventé au début du XVIIe siècle par Claude Dagon, jusqu'au métier Jacquart et aux mull-jennys ! On sait que la filature automatique du coton est d'origine anglaise ; nos voisins y sont restés maîtres, et c'est encore à eux qu'il faut s'adresser pour les meilleurs appareils. Cependant un de nos constructeurs, qui est filateur en même temps, M. Schlumberger, n'a pas craint d'engager la lutte, et on a pu voir, à quelques pas de distance, les assortiments complets d'une filature dans l'un et dans l'autre pays. M. Platt tenait pour l'Angleterre. M. Schlumberger pour la France. Il n'y a lieu ni de juger ni de comparer. La filature anglaise n'a perdu aucun de ses avantages ; mais sur l'exposition de M. Schlumberger on peut mesurer le degré de perfectionnement où sont arrivés nos constructeurs pour les machines à coton. Dans la filature mécanique du lin, la France retrouve la priorité ; c'est à Philippe de Girard que l'on doit la première peigneuse. Depuis cette découverte, plutôt indiquée que fixée, l'industrie n'a cessé de marcher, comme le témoignent les appareils de M. Combe et de M. Windsor. Quant à la filature de la laine, aucune n'est plus active ni plus féconde ; les inventions et les améliorations s'y succèdent. C'est à nos manufacturiers que l'on doit le peignage par mèche, qui a introduit dans cette fabrication un élément nouveau, et prend chaque jour plus d'empire. Il eût été utile de rapprocher les procédés anglais des nôtres, qui abondaient à l'exposition ; mais là encore il y a eu une lacune, au moins pour les cardes et les peignes. MM. Sykes et Ogden ont seuls exposé leur machine à échardonner, qui jouit d'un certain crédit. Toutes les opérations si multipliées que subit la laine, le lavage, le suintage, le battage, le louvetage, ont des appareils qui y répondent. Il en est de même de la filature, du lissage, du foulage, qui amènent la matière au degré de perfection où elle devient propre à l'emploi et où elle se transforme, au gré de nos besoins, en tissus, en draps, en chapeaux, en ameublements et en vêtements de toute espèce. Quand on remonte à l'origine de ces travaux, et qu'on embrasse d'un coup d'œil cette suite de métamorphoses, on est surpris et effrayé à la fois que des objets dont on fait si bon marché aient passé par tant de mains et coûté tant de sueurs, et involontairement on se sent animé d'une reconnaissance plus profonde pour les services de l'industrie humaine.

Section II

Il n'a été question jusqu'ici que des instruments de production ; le moment est venu de parler des produits ; ce que les machines ont pour objet de préparer, nous allons le voir accompli. En procédant par ordre d'importance, ce qui se présente d'abord, ce sont les tissus. Il a été calculé que les industries textiles comptaient à l'exposition de 1855 plus de cinq mille représentants, c'est-à-dire qu'elles en formaient le quart environ, si on envisage l'ensemble des établissements qui y figuraient. Mais aussi que de branches diverses et que de variétés dans les mêmes branches ! Cotons, laines, soies, lins et chanvre s'offraient sous toutes les formes que la main de l'homme peut leur donner, depuis l'étoffe la plus modeste jusqu'aux dentelles les plus riches. Dans le coton, l'échelle partait d'un calicot à 20 centimes le mètre pour arriver au tulle broché et façonné ; dans le lin et le chanvre, de la toile à bâche à la belle batiste et au linge damassé le plus somptueux ; dans la soie, de la plus humble florence au brocard et au velours ; dans la laine, du châle français de 1 fr. 28 cent, jusqu'au châle de 1,000 fr., du drap à 3 fr. jusqu'au drap à 60 fr. le mètre, puis aux belles moquettes et à ces tapisseries de haute lisse, où l'industrie et l'art s'unissent dans des créations merveilleuses. Ce n'est pas tout, à côté de ces matières fondamentales figuraient d'autres étoffes composées d'éléments de fantaisie : — des toiles et des tapis en jute, des coutils en *china-grass*, des nattes d'abaca et de palmier, des articles en aloès et en chanvre de Manille, les produits si variés du cachemire, du poil de chèvre, de l'alpaga, du crin, même du caoutchouc, si répandu aujourd'hui, des tissus en matières mélangées, tels que fin et coton, coton et laine, laine et soie, — toutes mariées çà et là à l'alpaga et au poil de chèvre ; enfin les essais sans nombre faits avec plus d'audace que de bonheur en étoffes d'herbe, écorces de mûrier, d'ormeaux, en poils de lapin et d'autres encore décorés de noms ambitieux, et la plupart assez mal justifiés. Telle était la part des industries textiles ; on voit que rien n'y manquait, ni la diversité, ni l'originalité, ni l'abondance.

Peut-être y aurait-il à signaler un défaut de proportion parmi les exposants de chaque catégorie ; le nombre était loin de se trouver en rapport avec l'importance du travail. L'Angleterre, par exemple, n'en avait guère qu'une centaine pour les tissus de coton, tandis que la France en comptait 410, et pourtant l'Angleterre transforme et tisse cinq fois plus de coton que la France. De leur côté, les États-Unis ne s'étaient pas départis de ce dédain superbe qu'ils affectent vis-à-vis de l'Europe, et on cherchait vainement, au milieu de cette collection nombreuse, leurs filés et leurs tissus. L'Autriche s'était montrée plus empressée ; la Prusse, la Saxe, les petits duchés allemands, les états sardes et d'autres encore y avaient mis une bonne volonté louable. Comment expliquer cette indifférence des Américains ? Dans la filature et le tissage, les États-Unis occupent aujourd'hui le second rang : l'Angleterre seule les devance, de beaucoup, il est vrai : nous ne passons qu'après eux. Sur les 500 millions de kilogrammes de coton que récolte l'Amérique du Nord et qui forment les quatre cinquièmes de la production totale du globe, l'Angleterre en consomme à elle seule 300 millions, qui alimentent 18 millions de broches ; les États-Unis 110 millions de kilogrammes pour 5,500,000 broches ; la France 72 millions de kilogrammes pour 4 millions de broches. Après ces grands états viennent par ordre d'importance l'Autriche, la Russie, le Zollverein, l'Espagne, la Belgique, etc. Les progrès de cette industrie ont été tels que le kilogramme de filé du n° 30 par exemple, qui coûtait 12 fr. en 1816, 6 fr. en 1834, peut être livré actuellement à 4 fr. 50, quoiqu'il y ait eu à la fois élévation dans le prix de la main-d'œuvre et amélioration des qualités. Peu d'industries ont eu une croissance aussi rapide, et il semble qu'elle soit arrivée à ce moment de repos qui suit les exercices forcés. Plus de ces découvertes qui la transformaient à vue d'œil, plus de ces énergiques élans auxquels répondait l'émotion publique et que saluaient des applaudissements universels. Ce n'est plus une industrie turbulente et conquérante, comme elle a pu l'être dans la première jeunesse ; c'est une industrie qui, prenant de l'âge, se range, fait ses comptes, et ne court plus les aventures. De là un peu de froideur dans l'ensemble de son exposition et de la part des curieux un certain délaissement. L'attitude avait changé : de l'enthousiasme on était passé à l'estime. Sans doute il y avait là des efforts sérieux, un désir de perfection, une étude des détails qui frappaient les hommes du métier ; mais pour la foule il n'y avait plus de surprises, et elle en est avide par-dessus tout.

Aussi y a-t-il peu à insister sur les tissus de coton, où tout le monde, états et fabricants, ne s'est appliqué qu'à maintenir les positions respectives. Le comité de Manchester a pourtant montré les forces de cette industrie dans un bel ensemble, et atteint la limite extrême du rabais en offrant un calicot de 80 centimètres de largeur au prix de 17 centimes le mètre. Dans toute la série des articles de coton, basins, piqués, percales, jaconas, unis ou façonnés, toiles blanches ou toiles peintes, l'Angleterre conserve les avantages d'une fabrication plus économique et de prix plus discrets. Si la Normandie s'en rapproche de loin, ce n'est que dans des produits intermédiaires ; si le nord de la France maintient sa position, c'est à l'aide d'articles mixtes où l'art des mélanges et la supériorité des couleurs jouent un rôle dans la valeur du produit ; enfin, si l'Alsace ne déchoit pas de sa renommée, si elle est restée inimitable pour les toiles peintes dans ce qu'elles ont de plus accompli, c'est au goût de ses dessinateurs et de ses fabricants qu'elle le doit, à un travail d'imagination que rien ne supplée et qui se renouvelle incessamment, au choix et à la variété des dessins, à la finesse des nuances, à un ensemble de perfections qui lui ont valu le sceptre de l'article, et où il sera difficile de l'égaler. Parmi les autres pays d'Europe, il en est où l'industrie du coton se défend avec succès et conserve, même dans le tissage à bras, le privilège de la consommation locale. C'est le cas des états allemands où l'on confectionne ces fortes étoffes, tirées à poil, qui remplacent le drap pour beaucoup d'usages. L'Angleterre y excelle, et c'est à elle que l'Allemagne a fait cet emprunt, auquel Rouen aurait dû songer. Manchester livre dans ces conditions des futaines très chaudes, très épaisses, tantôt à côtes comme le velours, tantôt imprimées à triple rouleau, et qui ne reviennent pas à plus de 85 centimes le mètre ; pour 2 francs, on a un pantalon de ce tissu très solide et très résistant. La Suisse n'est pas en arrière pour ces confections économiques, et tout le monde a pu admirer sa belle exposition de mousselines, du prix le plus modeste comme du prix le plus élevé ; c'est une concurrence redoutable pour notre fabrique de Tarare, qui a besoin, pour s'en défendre, de tout son génie, de toute son activité, et du prestige d'un nom déjà ancien dans cette industrie.

Dans les tissus des lins et des chanvres, la variété est moindre ; l'industrie est également moins avancée. Pour le coton, le fuseau et le rouet ne sont plus qu'un souvenir ; ils sont encore, pour le lin et les chanvres, un instrument usité, surtout dans les fils destinés à la dentelle et à la mulquinerie. C'est à la nature même de la substance, plus dure, plus énergique, plus résineuse que le coton, qu'il faut attribuer les différences dans le mode de traitement. Elle exige plus de soin, des machines plus fortes, conditions qui laissent encore aux bras humains une petite place dans son domaine, dépendant cette place s'amoindrit chaque jour au profit de l'action mécanique. L'Angleterre est entrée dans cette voie d'une manière à peu près exclusive, et un seul établissement file aujourd'hui à Leeds plus de chanvre et de lin que n'auraient pu en filer autrefois les rouets de toutes nos provinces. Cette puissante maison a manqué à l'exposition de Paris et y a fait un vide. Tous les pays manufacturiers ont d'ailleurs des métiers à lin et en augmentent graduellement le nombre. La Grande-Bretagne compte 1,268,000 broches, la France 350,000, le Zollverein 80,000, l'Autriche 30,000 ; on en suppose 50,000 à la Russie, 15,000 aux États-Unis, à l'Espagne 0,000 seulement. Par ces chiffres, rapprochés de ceux des populations respectives, on pourrait arriver, si cette recherche était utile, à la connaissance exacte de ce qui reste au travail à la main. D'ailleurs les préventions qui existaient contre le tissage mécanique se dissipent de plus en plus devant la perfection incessante des produits. Il est impossible de rien voir de plus beau, de plus fort et de plus souple à la fois que les toiles sorties des métiers anglais, et pour tous les articles unis ils nous sont incontestablement supérieurs. C'est seulement dans les articles façonnés que nous reprenons nos avantages. À l'exposition, nos linges damassés se faisaient remarquer par leur beauté et leur élégance ; ils n'ont plus de rivalité à craindre que dans la vieille industrie de la Saxe, et encore, en analysant les sujets, l'exécution et les apprêts de nos grands services de table, y trouverait-on des qualités auxquelles la Saxe prétendrait vainement. Dans les toiles à bas prix, il y a eu également des progrès notables, et l'on pourrait en citer d'excellentes et de la plus grande largeur qui ne coûtent pas plus cher que des toiles de cretonne. Ce n'est pas que les concurrences manquent ; elles abondent au contraire et ne sommeillent pas. Outre l'Angleterre et la Saxe, voici la Belgique, voici la Suisse. On sait quelle importance l'industrie des toiles a acquise en Belgique et à quelle perfection elle y est portée. L'exposition en a fourni le témoignage, et les beaux produits de M. Vercruysse-Bruneel y ont été fort remarqués. La Suisse entre à son tour en ligne, on dirait qu'elle ne veut demeurer étrangère à aucune industrie textile ; elle a la soie, elle veut avoir le lin, et s'y prend de manière à ne pas essuyer de démenti.

L'industrie des tissus de laine est vieille comme le monde et n'y a jamais décliné. Depuis l'homme qui se préserva du froid au moyen d'une toison jusqu'à celui qui se couvre du drap le plus fin, la laine a toujours eu dans le vêtement la première et la plus importante place. Aussi s'est-on ingénié partout et dans tous les temps à lui donner les formes les plus commodes et les plus variées ; les anciens savaient la teindre, savaient la lisser ; plusieurs peuples y ont excellé. Le génie moderne n'y a point épargné ses efforts : jamais la laine ne se prêta à des emplois et à des traitements plus divers. On la foule et on la drape, c'est le procédé ancien ; on la tisse sans la fouler, enfin on la combine avec d'autres matières, c'est la découverte la plus récente et celle qui est le plus susceptible de perfectionnements. En général, pour la draperie et le foulage, ce sont des laines courtes et vrillées que l'on emploie ; les laines longues se tissent, et on en tire les beaux mérinos châlys, les stoffs, les châles croisés, qui sont un des plus beaux titres de l'industrie française. Dans les articles à long poil, l'Angleterre a des ressources qui lui sont propres ; elle trouve dans ses bergeries les belles laines de *southdown*, de *dishley*, de *cheviot*, qui servent à la fabrication des tartans. Sous ce rapport, la France est un peu dépourvue. Pour les draperies supérieures, il faut qu'elle tire ses matières de l'Allemagne, pour les articles intermédiaires de l'Australie et de la Russie. Des droits exorbitants et une législation indigeste ajoutent encore aux embarras extérieurs de l'industrie. Cependant elle marche, elle grandit : on fait incomparablement mieux et à meilleur compte qu'il y a vingt ans. Quoique les salaires aient augmenté, le mètre de mérinos qui valait alors 12 francs n'en vaut plus que 3. Même progrès dans les barèges, les mousselines-laine et les articles de fantaisie. Ce que nous en avons vu à l'exposition ne fait que confirmer ce sentiment ; les vétérans du mérinos s'y trouvaient auprès de nouveaux athlètes, et tous s'y sont distingués. Quant à la draperie, elle a fait des efforts pour y paraître dignement ; tous les grands foyers de production et presque tous les grands manufacturiers ont tenu à honneur d'y figurer. Plusieurs ont reçu des récompenses auxquelles l'opinion publique s'est associée. Pour les qualités ordinaires et inférieures, nous restons, il est vrai, bien au-dessous de l'étranger : l'Autriche, la Prusse, l'Angleterre, la Belgique, l'Espagne même, donnent à des prix plus modérés que nous des draps qui, pour manquer de finesse et de coup d'œil, n'en sont pas moins d'un très bon service ; mais en revanche, pour les qualités de choix, les draps supérieurs, l'avantage nous demeure. Il y aurait beaucoup à dire sur ce contraste, qui tient moins à une impuissance intrinsèque qu'à un régime défectueux ; le sujet exigerait trop de développement. Toujours est-il qu'en matière de draperie économique, les honneurs de l'exposition ont été pour l'Allemagne ou plutôt pour la Moravie. Brunn a montré des coupons à 5 francs le mètre, qui ont fait l'étonnement des gens du métier ; il est vrai que Brunn a sous la main les plus belles toisons du monde et à des prix qui lui permettent d'être discrète. Pour être juste, il faut ajouter que nous avons eu notre surprise, comme les Allemands ; Vire s'est révélée sous un nouveau jour et a exposé des draps entre 13 et 9 francs le mètre, dont la confection et l'aspect doivent donner à réfléchir aux villes du Languedoc, un peu engourdies dans leur fabrication.

Un mot sur les châles cachemires. S'il y a une industrie nationale, c'est celle-là. Depuis que nous nous sommes attaqués à l'Inde, avec la prétention de la vaincre à force d'industrie et d'art, plus d'un pas a été fait. L'Inde marche aussi, et ce pays de l'immobilité s'est ému de cette concurrence lointaine. La partie est donc liée, et c'est profit pour tout le monde. Pour s'en convaincre, les éléments ne manquent pas. Il existe encore, et sur plus d'une épaule, de ces châles qui datent de la restauration et de l'empire ; qu'on les rapproche des beaux châles d'aujourd'hui : quelle distance pour le tissu, pour la douceur des tons, la variété des couleurs, l'élégance du dessin ! Et pourtant, si évident, si incontestable que soit le progrès, on est encore loin des produits de l'Inde ! Il existe en Asie un procédé qu'on nomme en termes techniques le *spouliné*, et qui consiste en une espèce de broderie au fuseau, où l'on n'emploie la matière qu'aux points même où elle doit apparaître. Or c'est le *spoulinage* mécanique que l'on cherche, afin de n'avoir plus rien à envier aux Indiens. On ajoute qu'il est trouvé et pratiqué avec succès par quelques-uns de nos fabricants, M. Gaussen, M. Deneirousse, de sorte qu'à l'heure qu'il est, l'Inde n'aurait plus qu'à désarmer. Soit, mais il ne semble pas néanmoins qu'elle s'y résigne, et on pouvait voir à l'exposition des châles de Lahore qui faisaient une assez bonne contenance devant la légion rivale, réunie à l'autre extrémité du palais. Les châles français avaient pour eux le nombre et l'ordre de bataille ; ils étaient sur leur propre terrain, et pourtant je n'oserais pas assurer que la victoire leur soit restée. Ces châles de l'Inde sont de terribles enchanteurs ; ils plaisent même par leurs défauts ; ils ont pour eux l'oreille des femmes ; espérons qu'elle leur sera enlevée, aux applaudissements des maris. Alors seulement les châles de l'Inde seront vaincus.

Des châles à la dentelle il n'y a pas loin ; c'est un autre chapitre du livre des séductions. Rarement on en avait vu une collection aussi riche et aussi nombreuse ; on eût dit que toute la dentelle du globe s'était donné rendez-vous sous les voûtes du même palais. Au rez-dechaussée M. Lefébure, dans les galeries supérieures MM. Videcocq et. Simon avaient déployé des merveilles. Plus loin, c'était Nottingham qui se mettait en frais d'étalage, ou Saint-Pierre-les-Calais qui, par des prétentions plus modestes, cherchait à s'attirer les préférences de la petite propriété. Aucun des noms célèbres ne manquait à l'appel, et comme ils devaient éveiller de convoitises secrètes ! Bayeux, Bruxelles, Alençon, Malines, Valenciennes, Chantilly. Ne parlons de Tulle que pour mémoire, et du point d'Angleterre, du véritable du moins, que comme on parle du phénix. La liste des dentelles était donc au grand complet, et c'était un beau spectacle. Pendant quinze jours, il ne fut question que de cela, et l'une des interpellations les plus ordinaires, quand on parlait de l'exposition, était celle-ci : Avezvous vu les dentelles ? Il est vrai que la vogue passa bientôt ailleurs ; rien ne dure ici-bas. Après les dentelles, ce fut le tour des tapis, tapis d'Aubusson, de Felletin, de Nîmes, de Tournai, d'Halifax, et surtout des magnifiques tapis de haute-lisse ou de la Savonnerie, qui entouraient la rotonde comme une décoration, et provenaient des manufactures de Beauvais et des Gobelins. Plus tard, Sèvres eut le dessus,

Louis Reybaud

et ce fut à qui s'extasierait devant les coupes en pâte-céladon, les aiguières, les vases, les urnes, les boires, les coffrets, les baptistères, les services de table, merveilles ou bijoux faits pour tenter un puritain. Enfin les joyaux l'emportèrent et parvinrent à tout effacer, porcelaines, tapis et dentelles. On admira d'abord celui de M. Halphen, ceux de M. Bapst, et peu à peu on s'éleva plus haut, si bien que, cinq mois durant, il ne fut question aux alentours des Champs-Elysées que de l'exposition des diamants de la couronne.

À côté des arts qui s'adressent au luxe, il en est d'autres qui intéressent la science. De ce nombre sont les arts de précision, qui ont tenu un rang honorable a l'exposition, l'horlogerie entre autres, où M. Wagner neveu excelle pour l'invention et le perfectionnement. Sa main a touché à tout et d'une manière heureuse, aux compensations, aux échappements, à l'isochronisme du pendule. Il y avait aussi dans l'annexe plusieurs horloges électriques, les unes françaises, les autres étrangères, assez semblables pour les dispositions, et parmi lesquelles on remarquait celle de M. Vérité. Dans la petite horlogerie, les bons ouvrages et les exposants abondaient ; la Suisse en comptait soixante-seize, jouissant tous d'un crédit mérité. Pour Paris, M. Berthoud conduisait la colonne ; pour Londres, c'était M. Ch. Frodsham ; pour l'Autriche, MM. Suchy et fils ; pour le Danemark, M. Jurgenson. La province était représentée par M. Japy de Beaucourt, dont l'établissement est l'un des plus importants qui existent pour la petite horlogerie. C'est de ce village du Haut-Rhin, et d'un autre village des environs de Dieppe, nommé Saint-Nicolas d'Alliermont, que sortent la plus grande partie des *ébauches* de montres et des *roulans* de pendules, qui vont ensuite recevoir dans les ateliers des villes les pièces qui doivent les compléter. À côté de la grande et de la petite horlogerie figuraient les instruments de précision, au nombre desquels il est juste de signaler l'objectif de M. Lerebours, le thermomètre de M. Walferdin, les instruments d'astronomie et de géodésie de la maison Gambey, les spiraux de balanciers de montres de M. Lutz, de Genève, enfin les chronomètres de marine et les pendules astronomiques de M. Winnerl.

Il faut franchir rapidement les industries qui relèvent de la physique ou de la chimie et visent au meilleur emploi de la chaleur, de la lumière et de l'électricité. L'intérêt pourtant n'y manque pas, et le sort de nombreuses populations y est attaché. Qui si ; douterait qu'en Autriche seulement la fabrication des allumettes chimiques, ce modeste produit, occupe plus de vingt mille ouvriers ? lit les combustibles économiques, ce chauffage du pauvre, la houille agglomérée, le charbon végétal moulé, la tourbe condensée ou séchée ou carbonisée, n'est-il pas de quelque utilité de savoir quels services ils peuvent rendre, à quel prix on peut les céder ? — La fabrication des bougies stéariques a aussi son histoire, que domine le nom de M. Chevreul, comme son médaillon dominait l'audacieuse pyramide de M. Apollo Kherzen. M. de Milly, autre exposant, n'a pas manifesté sa reconnaissance sous des formes aussi sensibles ; mais on ne saurait douter qu'il n'en éprouve une profonde pour l'honorable auteur de tant de découvertes qui sont désormais entrées dans le domaine public. Dans l'éclairage à l'huile et au gaz, point de procédé nouveau à signaler, et pour l'éclairage électrique, quelques appareils dont il était difficile de juger le mérite. L'électricité a d'ailleurs des applications bien plus fécondes et bien mieux vérifiées, comme l'argenture par la pile, galvanique, les moteurs et les télégraphes électriques, dont le domaine est déjà si vaste et tend chaque jour à s'agrandir.

Dans les arts chimiques, il n'y a, à proprement parler, que deux inventions récentes, le caoutchouc durci, qui éloigne les appréciations sérieuses par des excès d'étalage, et l'aluminium, au sujet duquel tout a été dit ici, et très pertinemment. Pour les teintures, l'exposition était riche, en garancine surtout ; le bleu de France a été couronné dans la personne de Francillon, de Puteaux ; la préparation de la soie dans celle de M. Guinon, de Lyon ; l'impression des toiles dans celles de MM. Gros, Odier, Roman et Koechlin frères. Point de supériorité légitime qui n'ait tenu à montrer ses titres : M. Bayvet pour les maroquins, M. Nys pour les cuirs vernis, MM. Oalsler et Palmer, de Londres, pour les cuirs tannés et hongroyés, la savonnerie de Marseille pour les savons blancs et madrés, M. Plummer pour ses cuirs de sellerie. Dans l'industrie alimentaire, même empressement ; voici M. Champonnois à qui l'art de fabriquer le sucre doit tant de perfectionnements, et qui aujourd'hui déserte le sucre pour passer à l'alcool ; voici M. Chollet et M. Masson qui prennent dans un potager une botte d'épinards, la dessèchent et la compriment par un procédé particulier, et l'expédient ensuite à l'autre bout du monde sans que le légume ait rien perdu de sa saveur et de ses propriétés ; voici M. Crespel-Delisle, l'un des champions de la betterave, et le comité des fabricants de Valenciennes qui relèvent le drapeau du sucre indigène, fort compromis dans ces derniers temps et dégénéré en produit de distillerie. Quels noms désigner encore parmi tant de noms que recommandent leurs travaux ? Dans la fabrication des instruments de chirurgie, M. Charrière fils, auquel le jury de Paris devait une réparation des torts du jury de Londres ; dans l'anatomie classique, M. le docteur Auzoux, dont les *écorchés* en cire ont été fort suivis, quoique les représentations fussent permanentes ; dans les inventions applicables à l'hygiène, le docteur Arnott, de Londres ; dans les constructions navales, M. Armand, de Bordeaux, qui a imaginé un système mixte où le fer et le bois se combinent de manière à assurer aux bâtiments du commerce une capacité plus grande et à la fois plus de solidité et de légèreté ; dans l'armurerie, les trois fabriques rivales de Liège, de Paris et de Solingen, M. Lefaucheux, à qui l'on doit les premiers fusils se chargeant par la culasse, M. Malherbe (de Liège) et M. Gauvin (de Paris), qui semblent avoir poussé le plus loin, l'un la modération des prix, l'autre la perfection et le luxe des armes à feu ; dans la construction des navires à vapeur du commerce, M. Robert Napier, dont le nom est européen ; dans la construction des bâtiments à vapeur de la marine militaire, M. Dupuy de Lôme, qui le premier a su concilier dans un vaisseau de ligne les conditions de l'armement et celles de la grande vitesse, et en a fait l'ail tout ensemble un instrument de marche et un instrument de combat ; enfin, dans les constructions civiles, des noms qui ne jouissent pas d'une moindre notoriété : M. Rendel et M. Stephenson, de Londres, qui ont exécuté, celui-ci de grands ponts en tôle, entre autres le pont Britannia, celui-là les travaux du bassin de Grimsby ; M. de Montricher, le créateur de l'aqueduc de Roquefavour ; M. Poirée, l'inventeur des barrages mobiles sur fermettes tournantes : M. Vicat, dont le nom est inséparable de la découverte des ciments hydrauliques artificiels. Toutefois, à propos de ce dernier ingénieur, il y a une remarque à faire. Le bruit s'est répandu, et il paraît fondé, que les blocs dont il a imaginé l'amalgame éprouvent au contact de l'eau de mer une décomposition qui voue à la ruine ou du moins à une altération profonde tous les travaux, jetées ou digues, dont ces matériaux forment la base ou le principal élément. À ce compte, les ports de Cherbourg, d'Alger et de Marseille seraient dès à présent menacés dans leur existence, et il faudrait s'attendre à des tassements prochains. Déjà les administrations de la guerre et de la marine s'en sont émues, et l'on a pu voir à l'exposition un bloc igné, composé par M. Bérard, et qui est destiné à un essai de restauration entrepris sur la rade de Cherbourg.

Par un retour vers les objets de luxe, nous rencontrons les grandes manufactures de glaces et les cristalleries de Saint-Gobain et de Baccarat. Tout le monde a pu admirer le lustre en cristal de ce dernier établissement et la glace gigantesque du premier. Ce sont deux merveilles. Baccarat n'a plus rien à envier, ni à l'Angleterre, ni à la

Bohême, et Saint-Gobain en est arrivé à des dimensions qui mettent la concurrence au défi. Il serait trop long de rechercher si ces tours de force ne sont pas trop chèrement payés par les hauts prix de la fabrication ordinaire, maintenus à l'aide d'un monopole moins légitime qu'ingénieux. Baccarat du moins a des concurrents, et on peut débattre avec lui les conditions de ses services ; Saint-Louis s'en rapproche, et Clichy a fait dans ces derniers temps des efforts louables et heureux pour l'égaler. Dans le sein même de l'exposition, Baccarat avait en présence les candélabres de M. Osler de Birmingham, qui sont une pièce capitale et admirablement combinée pour le jeu et la réflexion de la lumière. Depuis quelques années, il s'est fait dans la constitution chimique du cristal une modification qui semble surtout favorable aux grands verres d'optique ; on doit cet essai à la manufacture de Clichy. Il consiste à remplacer le plomb par le zinc, et une partie de la silice par l'acide borique. Les corps ainsi composés sont d'une grande pureté et d'une résistance parfaite ; le seul inconvénient qu'ils présentent est dans la dureté, incompatible avec certains emplois et réfractaire à la taille et au moulage ; or c'est un titre pour les objectifs. Dans la cristallerie courante et la cristallerie de couleur, on a vu plus d'une pièce de choix. Chez M. Utter, c'était de la bonne gobeléterie ; chez M. Launay-Hautin, une collection de vases et de caves d'un goût délicat ; la verrerie de Vallerystal se distinguait par la coloration et la transparence : MM. Chance frères, verriers anglais, se faisaient remarquer par la limpidité de leurs lentilles, que nous n'avons pas encore pu égaler ; MM. Jouet et la société d'Herbatte en Belgique, par la beauté du rouge, la pureté de la matière et la discrétion des prix. Quant à la Bohême, c'est dans le craquelé surtout qu'elle excelle ; ce genre semble lui appartenir. Rien de plus gracieux que les coupes de craquelé de MM. Meyer, dans le blanc surtout ; on dirait que le verre est tapissé d'une légère couche de glace, comme il s'en dépose sur les vitres par les grands froids ; le comte Harrach avait aussi des craquelés et deux magnifiques vases rouges d'une forme parfaite et de la plus belle couleur. Il ne faut pas oublier la Bavière, dont les services en dorure vermiculée attiraient l'attention des curieux.

Dans la céramique, une fois Sèvres mis hors de concours, c'est l'étranger qui l'emporte : la Saxe pour les articles de prix, l'Angleterre et la Belgique pour les articles de fabrication courante. Nous sommes loin du temps où l'art du potier s'exerçait sur la plus humble matière, et où l'argile s'animait sous ses doigts. Ni les vases étrusques, ni les majoliques de Pise, ne feraient fortune aujourd'hui, où l'on consomme des services par douzaines et uniformes dans leurs dispositions. C'est là le triomphe de l'industrie anglaise, qui a toujours des assortiments prêts et expédie de la porcelaine au monde entier et au plus juste prix. Il ne faut pourtant pas se montrer injuste envers M. Minton, qui est l'un des plus importants et des plus habiles pourvoyeurs que l'on connaisse. Dans le cercle de ses opérations et sans faire à l'imagination une part trop grande, il a su étudier l'antique et se mettre à la recherche de procédés qui semblaient perdus. S'il n'a pas chez lui de Palissy, il a des artistes qui s'appliquent à varier les formes de ses produits, et dont l'habileté contribue à la fortune de son établissement. On a pu en voir la preuve dans ses vases en camaïeu ou gros bleu, à médaillon, dans ses porcelaines et ses biscuits, dans ses carreaux incrustés en diverses couleurs, et surtout dans ses imitations des majoliques florentines. M. Copeland le suit de près et cherche à copier le vieux sèvres ; mais où M. Minton l'emporte, c'est dans la production d'articles usuels à des prix qui semblent impraticables, tant ils sont réduits. La Saxe elle-même ne pourrait descendre plus bas, et la Belgique s'efforce en vain d'y arriver. Auprès de ces puissances de la céramique, nos établissements privés pâlissent nécessairement. Ils ont marché sans doute, et qui ne marcherait pas au milieu du mouvement universel ? mais ils l'ont fait lentement, avec beaucoup de précautions, comme on peut le faire lorsqu'on a des débouchés réservés, une clientèle sûre et qui ne peut échapper. Là est le motif le plus réel de notre infériorité. Notre industrie céramique manque d'audace, parce que l'audace n'est pas une condition essentielle de son existence et qu'elle peut s'en passer. Quand par occasion elle en montre, c'est pour fatiguer le gouvernement de ses plaintes et pousser des cris d'alarme à la moindre menace d'une rivalité imprévue. Elle prend goût à sa position ; elle aime ses aises et ne veut pas s'en départir. Aussi ne brille-t-elle guère dans les expositions universelles. À peine peut-on la citer pour quelques articles de fantaisie, où notre génie prévaut malgré tout. Ainsi MM. Pouyat, de Limoges, ont eu, à ce point de vue, une exposition à part ; leur service émail et biscuit, décoré par un artiste habile, M. Colomera, a généralement réussi. Il en est de même des pièces exposées par M. Boyer, qui imitent le sèvres, des poteries de M. Follet, des faïences de M. Ristori, des animaux de M. Avisseau, et de l'industrie si utile de M. Borie, qui est l'inventeur des tuiles creuses, aujourd'hui employées dans presque toutes les constructions de Paris.

La série des industries de luxe nous conduit à la carrosserie. Elle occupait à l'exposition une place considérable ; on n'y pouvait faire un pas sans se heurter à une file de voitures, voitures de ville, voitures de gala, berlines, landaus, calèches, coupés, américaines, phaétons, victorias, cabriolets a quatre roues, tilburys, breecks, dog-carts, cabs, sans compter les wagons. Il nous en était arrivé de tous les points du globe, même de la Norvège, du Canada et du Mexique. Ce qui était sensible dans tous ces produits, et même dans les voitures envoyées de Londres, c'est l'imitation des formes françaises. L'Autriche seule a conservé une lourdeur qui semble de tradition, et qui frappe surtout dans le carrosse d'apparat exécuté par M. Laurenzi pour le maire de Vienne. Quoi qu'il en soit, la carrosserie plaisait aux curieux et se justifiait ainsi d'occuper tant d'espace. Les modèles de wagons étaient logés plus à l'étroit, et se confondaient avec la sellerie et les équipages d'ambulance. À la vue de ces derniers, une douloureuse émotion gagnait le cœur : ces cacolets, ces chariots rappelaient ceux qui, dans un jour de combat, transportent nos héroïques blessés, et offraient au milieu de tant d'attributs pacifiques une image de cette guerre où le sang des nôtres a tant coulé.

Si les voitures tenaient beaucoup de place, les pianos menaient beaucoup de bruit. Cent huit instruments représentaient un nombre égal d'exposants, et offraient toutes les variétés imaginables, pianos droits, pianos à queue, pianos simples et pianos à orgues. Les grandes maisons s'étaient piquées d'honneur, et plusieurs de ces instruments sont des chefs-d'œuvre d'ébénisterie. On sait à quels noms est échu l'empire du piano, MM. Erard, Pleyel et Hertz. Ils ne semblent pas d'humeur à s'en dessaisir, et l'exposition n'a fait à leur égard que confirmer d'anciens titres. M. Sax paraît aussi avoir maintenu ses droits sur les instruments de cuivre ; la famille sonore à laquelle il a donné son nom s'élevait en trophée jusqu'aux voûtes du palais, et imposait aux regards par son formidable appareil. Pour la clarinette, M. Boehm, de Munich, a eu les honneurs du concours. Il est parvenu, assurent les juges, à discipliner cet instrument rebelle, et cela au point de rendre infaillible la justesse de ses intonations. C'est un succès dont les oreilles délicates lui sauront gré. Quant au violon, c'est de M. Vuillaume qu'il relève. M. Vuillaume a retrouvé, à ce qu'il semble, les procédés des anciens luthiers, et traite les instruments à cordes à la manière des vieux maîtres italiens. N'oublions pas M. Cavaillié-Col, un des meilleurs organistes que nous ayons, et auquel l'orgue est redevable de nombreux perfectionnements.

Louis Reybaud

Section III

Il ne me reste plus qu'un devoir à remplir, et malgré la longue course que j'ai fournie je n'y manquerai pas. Non loin de ces galeries brillantes, on en avait ouvert une autre, beaucoup plus modeste, sous le nom de *galerie de l'économie domestique*. Il y avait là le germe d'une bonne pensée et d'une bonne action ; malheureusement on ne s'y est pas pris assez tôt, et il est à craindre que l'intention seule en survive. Il s'agissait d'une collection de produits qui, dégagée du superflu, se bornerait au strict nécessaire, c'est-à-dire, — en copiant les termes mêmes du programme, — à tout ce qui sert à l'aliment, au vêtement, au logement et à l'ameublement C'était assez pour que la grande partie des industries y entrât en réduisant ses prétentions et en ne produisant que ce qu'elle avait de plus simple et de plus usuel. Aucune n'en était exclue, à deux conditions toutefois : la première, c'est que les prix fussent sincèrement déclarés ; la seconde, c'est que le rabais ne couvrit pas des défectuosités intrinsèques. Le bon marché, en effet, n'est pas un terme absolu, il doit correspondre à la qualité, à la destination et à l'emploi des choses ; il doit être le bon marché dans toute l'acception du mot, une réalité et non un leurre.

Voilà sous l'empire de quel sentiment fut ouverte la galerie d'économie domestique. Il va sans dire que toutes les marchandises, sans acception de nationalité, y avaient accès ; c'était là l'objet sérieux de l'expérience. Ainsi comprise, elle fournissait les moyens de comparer les ressources de l'étranger et les nôtres dans la sphère des consommations habituelles, les éléments de la vie chez lui et chez nous, d'établir en un mot le budget de l'individu en France et au-dehors. Bien des illusions règnent sur ce sujet, et il était bon de les dissiper. On s'imagine en effet que le chiffre du salaire ou du revenu suffit pour évaluer avec justesse la somme des besoins satisfaits : c'est une erreur. Les chiffres du revenu ou du salaire ne sont que l'un des termes de cette appréciation, la recette ; l'autre terme, c'est la dépense, et tous deux sont corrélatifs : séparés, ils ne signifient rien ; réunis, ils représentent la condition de l'individu. Souvent avec une dépense moindre il y aura plus de besoins satisfaits, et moins de besoins satisfaits avec une dépense plus forte. Cela dépend du prix des choses et de la qualité non moins que du prix. L'exposition des produits usuels allait en rendre la démonstration sensible ; elle allait établir à tous les yeux, et par la meilleure des preuves, les conditions de l'existence au dehors et chez nous, nos moyens de vivre et ceux de l'étranger.

L'expérience a été incomplète, et elle est à suivre ou à recommencer. Parmi les industries qui étaient représentées dans la galerie d'économie domestique, l'absence des grands établissements était manifeste, et enlevait à une étude comparée ses meilleurs et plus fructueux éléments. De leur part, c'était dédain évident ou défiance invétérée. D'autres industries, et des plus essentielles, faisaient complètement défaut. Ainsi les toiles peintes, dans les conditions du bon marché, manquaient absolument ; ni l'Alsace, ni la Normandie, ni l'Angleterre n'avaient rien exposé ; les soieries économiques de l'Allemagne et de la Suisse n'y figuraient pas non plus à côté de celles d'Avignon et de Lyon. Même lacune dans les métaux, les fers, les aciers, la coutellerie, les rasoirs, les outils, les instruments. Les lainages n'y tenaient pas la place qu'ils auraient dû y tenir, ni les tissus de fil et de coton, ni les broderies et les mousselines à bas prix. Cependant, malgré ces vides, il y a eu plus d'un fait à recueillir. Pour la draperie, l'épreuve a été des plus concluantes, et l'Allemagne en a eu les honneurs. En revanche, sur les velours de coton destinés aux vêtements d'hommes, sur les porcelaines d'usage courant, sur les couvertures de laine, sur les flanelles, sur les bas de coton, sur les chemises de tricot, sur les caleçons, les fabricants anglais regagnaient amplement le terrain perdu. On ne saurait imaginer jusqu'où descend ce rabais ; il est de nature à faire naître l'incrédulité ; d'excellents bas d'hommes à 3 fr. 75 cent, la douzaine, des bas d'enfants à 40 cent, la douzaine, des couvertures de laine à 3 francs 75 cent., des chemises de tricot à 7 francs la douzaine, et ainsi du reste.

Si j'ai insisté sur ces détails, c'est pour en tirer une conclusion, que je crois fondée, sur l'ensemble de l'exposition de 1855. Volontiers, quand on compare l'industrie étrangère à la nôtre, on cède à un mouvement de fierté nationale, et l'on s'adjuge la supériorité. Lisez les opinions écrites, écoutez les appréciations verbales, partout vous retrouverez ce sentiment, que pour telle industrie, et de proche en proche on en arrive à les nommer toutes, la France n'a rien à envier au reste de l'Europe, et qu'elle a le droit de s'enorgueillir de ce qu'elle produit. Ce qu'à y a de plus curieux dans ce certificat qu'on se délivre à soi-même, c'est que les personnes qui en exagèrent le plus les termes sont précisément celles qui se refusent d'une manière absolue à laisser les marchandises étrangères aborder nos marchés sous une forme quelconque, crient à la trahison quand on se relâche des mesures de précaution destinées à les éloigner, et traitent de cerveaux à l'envers les hommes qui ne voient pas la ruine de la France attachée à l'entrée de quelques pièces de drap saxon ou de calicot anglais. Je ne juge pas la contradiction, je la constate : d'un côté la bonne opinion que l'on a de ses forces, de l'autre la répugnance que l'on éprouve à en fournir la seule preuve qui ne soit pas susceptible d'être récusée. En lui-même, ce sentiment qui conclut toujours à notre avantage est moins présomptueux et moins erroné qu'il n'en a l'air. Quand on le pénètre, on se convainc qu'il ne manque ni de bonne foi, ni d'une apparence de fondement. Supérieurs en toute chose ou à peu près, est-ce donc là où nous en sommes ? Non, assurément, pour des arbitres qui rendent un arrêt sérieux ; mais pour des esprits qui s'en tiennent à la surface et font pencher les faits du côté qui leur sourit, il y a pour nous en toutes choses une certaine supériorité, ici plus réelle, là plus imaginaire.

Le propre des industries étrangères, c'est de ne mettre dans les objets de consommation usuelle que ce qu'il est indispensable d'y mettre pour un bon emploi, de les traiter d'après des modèles uniformes et dans de telles proportions, que le coût en est nécessairement diminué ; c'est d'avoir pour constante préoccupation l'accroissement des débouchés, et d'y aboutir par la modération des prix et une grande loyauté professionnelle. De là le succès des établissements de premier ordre qui existent, en Angleterre et sur les traces desquels les nôtres s'efforcent de marcher : aller au but par le plus court et le meilleur chemin, c'est leur devise, et ils n'y dérogent pas. Aussi faut-il reconnaître que pour les principaux articles de consommation, comme les tissus de coton, de laine et de fil, le travail des métaux, la construction des machines et du matériel naval, les objets d'économie domestique, la production de la houille, les porcelaines, les faïences et les poteries communes, ils l'emportent évidemment sur nous, et que si nous avons fait de grands efforts pour nous en rapprocher, nous ne les avons point encore atteints. Ce n'est pas, il est vrai, un empire, sans partage, et d'autres puissances y exercent un droit de revendication : la Belgique pour la houille, les draps, les armes, les fers, l'Allemagne pour les lainages, les aciers et les porcelaines, la Suisse pour les matières textiles, le nord de l'Europe pour les constructions navales ; mais à réunir toutes ces forces en un seul faisceau et à envisager l'étranger d'une manière abstraite, la supériorité lui reste acquise pour cet ensemble d'articles, c'est-à-dire pour ceux dans lesquels il entre plus d'industrie que d'art.

En revanche, la France remonte au premier rang pour ceux qui exigent plus d'art que d'industrie, et s'y élève d'autant plus que l'art y tient plus de place et l'industrie moins. C'est le cas pour les produits si variés de la fabrique de Paris, pour les cuirs et les maroquins de choix, pour la ganterie, pour les tissus de soie et les rubans, pour certains tissus de laine, pour les linges damassés, pour les dentelles, pour les châles, pour les étoiles mixtes, pour le travail des métaux là où les façons importent plus que la matière, pour une infinité de riens qui échappent à une nomenclature, et qu'il serait facile d'y comprendre en les classant d'après la donnée que j'ai indiquée, et qui est presque infaillible dans ses résultats. Voilà notre supériorité réelle, incontestable et incontestée. Maintenant comment et pourquoi l'étend-on outre mesure, et cela sans faire une trop grande violence aux faits ? Par un procédé bien simple. Dans la catégorie des articles où, pour l'étendue du travail et la douceur des prix, l'étranger nous domine, il y a toujours un point où le produit se raffine, et emprunte à l'art un relief plus grand, une tournure, un aspect particulier, qui sont le cachet de la main française, et qu'elle apporte dans tout ce qu'elle fait. C'est à ce point de vue que l'on peut, sans trop abuser des mots, féliciter notre industrie du rang qu'elle occupe, et élargir presque indéfiniment le cercle de sa supériorité.

Il n'y a pourtant là qu'une illusion, et une illusion des plus dangereuses. C'est à l'aide de ces subtilités que depuis quarante ans nous vivons repliés sur nous-mêmes, renfermés dans un cercle d'opérations timides, et n'occupant pas sur les marchés du monde la place qui devrait appartenir à un état comme le nôtre, et qu'avec la moindre hardiesse nous nous y serions assurée. Bien des causes concourent à cet égarement de l'opinion, et la moindre n'est pas cet appel fait à notre vanité par des hommes qui en abusent et dont elle sert les intérêts. Au besoin et à l'appui, les chiffres ne manquent pas ; ils sont les serviteurs de toutes les causes. Rien de plus aisé que d'en faire ressortir d'une année à l'autre, et sur quelques articles choisis avec soin, le mouvement et la progression. Les petites ruses de la statistique viennent alors en aide aux éblouissements de l'amour-propre, et c'est ainsi que se perpétuent des malentendus si préjudiciables à la communauté.

Au lieu de ces demi-preuves, que ne consulte-t-on les grands témoignages et les grands résultats ? Ils abondent, ils frappent les yeux des moins clairvoyants. Dans l'ensemble des exportations, quel est notre rôle, quel est celui des pays étrangers ? On peut vérifier ; nous sommes à l'Angleterre comme un est à six, au reste de l'Europe comme un est à quatre. Pour le mouvement de la navigation, notre situation n'est guère meilleure. Pendant que les grandes marines du globe voyaient leur matériel naval doubler et tripler, la nôtre est demeurée presque stationnaire. Depuis 1830, les États-Unis ont passé du chiffre de douze cent mille tonneaux à celui de cinq millions, l'Angleterre a franchi celui de quatre millions, nous n'avons pu atteindre un million de tonneaux. Ici la question s'élève ; la marine n'est pas seulement un élément de richesse, elle est aussi un élément de force. Naguère, quand il s'est agi d'envoyer dans la Baltique et dans la Mer-Noire des escadres aux mâts desquelles flottait notre pavillon, les réserves de notre personnel ont été épuisées au point d'enlever à la pêche et à la navigation lointaine presque tous les bras valides qui les défrayaient. À peine est-il resté sur nos côtes et pour la manœuvre des bâtiments du commerce, un petit nombre d'hommes échappés à ces levées, et dont il a fallu payer les services à grand prix. N'est-ce pas là un indice que, dans le cours d'une longue paix, notre mouvement commercial n'a pas eu tout le développement désirable, et que le principal signe d'une situation florissante, l'activité extérieure, est celui qui nous fait le plus défaut ?

S'il en fallait d'autres preuves, on n'aurait que l'embarras du choix. À nos portes même, il est des marchés que la nature semble nous avoir réservés, et qui, de temps immémorial, étaient le domaine exclusif de la France, par exemple ceux du Levant, de l'Italie et de l'Espagne. Nous les avons en partie perdus, et bientôt ils nous auront complètement échappé. Sur les marchés du Levant, c'est l'Autriche qui prend le pas ; sur les marchés de l'Italie et de l'Espagne, c'est l'Angleterre. À quoi cela tient-il ? Aux habitudes nonchalantes de notre industrie, et, il est affligeant de le dire, aux fraudes qui la déshonorent. Dans beaucoup de pays, nous faisons, sous ce rapport, une assez fâcheuse figure. Tandis que les marchandises anglaises sont acceptées les yeux fermés et sur la marque d'origine, les nôtres, si on ne les repousse pas absolument, sont l'objet de défiances profondes et d'un contrôle minutieux. Le mal, en plus d'un cas, a été si loin, que du sein même des industries il s'est élevé des voix pour supplier le gouvernement d'exercer sur les produits expédiés au dehors une sorte de police, et de ne point permettre que le nom de la France fût désormais compromis par des abus aussi criants.

La main du gouvernement ! C'est toujours là qu'en reviennent nos industries. S'agit-il de concurrence étrangère ou de fraudes professionnelles, l'état est mis en demeure d'agir ; on dirait que nos industries n'ont point de vie propre et renoncent à se protéger elles-mêmes. De tous les symptômes de faiblesse, il n'en est point de plus prononcé que celui-là. N'a-t-on pas vu le gouvernement, dans une occasion récente, se porter arbitre entre les consommateurs et les débitants, et, au lieu de proclamer la liberté des transactions, taxer la viande de boucherie ? Ainsi en est-il dans toute la sphère des intérêts. On ne regarde comme bien faites dans notre pays que les choses où le gouvernement met du sien. On le réclame à la ronde comme tuteur, coadjuteur, associé, agent responsable ; on attend de lui des subventions, des subsides, des garanties d'intérêt. Il tient tout dans sa main, les industries agricoles et manufacturières par les tarifs, les compagnies financières par le droit d'autorisation, les petites entreprises par les faveurs ; il donne à son gré ou retire la richesse. De là, pour l'activité du pays, une position subordonnée qui l'empêche de porter tous ses fruits et d'atteindre tous ses développements. Dans le domaine du travail comme ailleurs, il n'y a point de dignité sans indépendance. C'est ce qu'a compris l'industrie anglaise ; elle ne s'est livrée à personne, et a tenu par-dessus tout à disposer d'elle-même ; elle s'est rattachée à la liberté, sachant bien que la liberté a ses charges et ses abus, mais sachant aussi qu'elle donne à ceux qui s'y appuient sincèrement la force nécessaire pour supporter les unes et atténuer les autres.

Ainsi, en examinant les choses sans prévention, l'orgueil nous est moins permis qu'on ne le présume, et un peu plus de modestie ne nous messiérait pas. L'exposition de 1855 nous a montrés tels que nous sommes, les maîtres dans l'empire des travaux d'art et des produits raffinés, les souverains de la mode, les arbitres du goût ; elle ne nous a pas assigné une place équivalente dans la grande fabrication, celle qui dessert les besoins les plus universels. Et, comme pour rendre ce contraste plus sensible, des pays nouveaux dans l'industrie, tels que la Suisse et l'Autriche, ont fait en plus d'un genre un pas très brillant et très marqué. Quand, après un demi-siècle d'expérience, un régime économique donne des résultats pareils, on peut se demander si on ne fera rien pour en sortir. N'essaiera-t-on pas de ces voies nouvelles où l'Angleterre est entrée depuis dix ans, et où elle a trouvé une prospérité et une grandeur sans exemple ? de l'autre côté du détroit, la liberté du commerce a fait des miracles ; depuis qu'elle prévaut, tout a prospéré, rien n'a dépéri. Il en sera ainsi de toute expérience semblable faite avec suite et avec bonne foi. La liberté économique ne trahit que ceux qui doutent d'elle, en usent timidement, sans conscience et avec l'espoir de la prendre en défaut ; elle reste fidèle à ceux qui la servent loyalement. C'est le pain des forts, et, à moins d'avouer leur infériorité, toutes les nations qui comptent dans le monde seront amenées avant peu à en adopter le principe et à en supporter les conséquences.

Louis Reybaud

ISBN : 978-1547142552